"课课通"职教高考复习丛书

课课通C语言
（计算机类）
（第2版）

主　编◎ 管荣平

副主编◎ 陈高峰　管　璇
　　　　王才德　戴则萍

电子工业出版社
Publishing House of Electronics Industry
北京·BEIJING

内 容 简 介

本书是中等职业学校（三年制）计算机类专业职教高考教学配套用书，依据江苏省教育考试院公布的职教高考计算机类专业综合理论考试大纲和技能考试大纲中第二部分"C 语言"的要求编写而成。本书由 C 语言基础知识，顺序结构程序设计，选择结构程序设计，循环结构程序设计，数组，字符数组、字符串与字符串函数，函数，文件等 8 章组成。每章按学习内容又分为若干小节，每小节按学习目标、内容提要、例题解析、巩固练习 4 个环节展开。同时，本书还配有测试卷以便检验学生的学习效果。

本书可作为中等职业学校计算机类专业职教高考复习用书，也可作为职业院校计算机类专业学生加强和巩固 C 语言理论的学习用书，还可作为高校学生计算机二级 C 语言考试的复习用书。

未经许可，不得以任何方式复制或抄袭本书之部分或全部内容。
版权所有，侵权必究。

图书在版编目（CIP）数据

课课通 C 语言：计算机类 / 管荣平主编. -- 2 版.
北京 : 电子工业出版社, 2025. 5. -- ISBN 978-7-121-50058-9
Ⅰ．TP312.8
中国国家版本馆 CIP 数据核字第 2025MY9168 号

责任编辑：张　凌
印　　刷：三河市君旺印务有限公司
装　　订：三河市君旺印务有限公司
出版发行：电子工业出版社
　　　　　北京市海淀区万寿路 173 信箱　邮编：100036
开　　本：880×1 230　1/16　印张：15.5　字数：499 千字　插页：28
版　　次：2013 年 10 月第 1 版
　　　　　2025 年 5 月第 2 版
印　　次：2025 年 5 月第 1 次印刷
定　　价：59.50 元

凡所购买电子工业出版社图书有缺损问题，请向购买书店调换。若书店售缺，请与本社发行部联系，联系及邮购电话：（010）88254888，88258888。
质量投诉请发邮件至 zlts@phei.com.cn，盗版侵权举报请发邮件至 dbqq@phei.com.cn。
本书咨询联系方式：（010）88254583，zling@phei.com.cn。

PREFACE 前 言

本书自 2013 年第 1 版出版以来，受到全国各地职业院校师生和广大 C 语言学习者的普遍欢迎，使用范围非常广泛。随着中等职业教育人才培养目标与职教高考命题的变化，为使本书适应新的职业教育教学改革方向，更贴近教学的实际需求，编者对本书及配套测试卷进行了修订。本次修订参考了江苏省职教高考计算机类专业综合理论考试大纲和技能考试大纲中第二部分"C 语言"的要求，同时充分吸收了使用本书第 1 版的一线教师反馈的意见和建议，还兼顾了计算机 C 语言二级考试相关内容。本次修订以提升学生能力为目标，同时也更加方便教学使用，以提高教学质量。

修订后本书具有以下特色。

1. 保留了第 1 版的优点

本书由 C 语言基础知识，顺序结构程序设计，选择结构程序设计，循环结构程序设计，数组，字符数组、字符串与字符串函数，函数，文件等 8 章组成。每章按学习内容又分为若干小节，每小节按学习目标、内容提要、例题解析、巩固练习 4 个环节展开。

"学习目标"是对考纲要求的分解和细化，并有机整合了知识目标与能力目标。

"内容提要"是对学习重点、难点内容的归纳与提炼，对职教高考中可能出现的拓展内容，做了一些延伸和补充。

"例题解析"是围绕重点学习目标设置典型例题，而且大部分是历年高考题或江苏省各市的模拟题，通过对问题的解析，提炼解决方法与思路，提高学生的解题能力。

"巩固练习"着眼于目标达成，强化能力训练，并按职教高考题的范式编制。

同时，为便于检测学习成效，每章均配有对应测试卷，另外本书还配有两套综合测试卷，以便教师教学使用，也便于学生检验自己的学习效果，提高自身分析问题和解决问题的能力。

2. 加强了重要知识点的实际应用

针对近几年来江苏省职教高考侧重知识点的应用考核的趋势，编者在修订过程中，特别增加了一维数组和二维数组的应用，并增加了重要知识点的实际应用等内容。

3. 侧重学生的能力培养

与第 1 版相比，本书对重点知识点进行了细化，对重点章节"选择结构程序设计""循环结构程序设计""数组""函数"等进行了更新并增加了一些典型例题、习题，对典型题目的讲解更加透彻和突出重点，并在如何审题、形成解题思路上对学生加以引导，从而提高其分析问题和解决问题的能力。

4. 强化了重点章节中典型例题的分析讲解

针对第 1 版在编写过程中出现的知识点讲解不细致、过于粗线条、习题量相对较小、对于一些典型题目讲解不够完善等问题，编者将近几年职教高考的考题和一些常见的典型题目作为例题进行了详细分析和重点讲解，以帮助学生加深理解和巩固基本概念，掌握解题的一般规律和表达技巧。

本书的编写人员长期从事职教高考教学与研究工作，在编写本书时，立足参加职教高考学生的实际基础水平与认知能力特点，结合职教高考的目标要求，精心组织内容，循序渐进、多角度地帮助学生理解知识，着力培养学生的知识应用能力。相信无论是对教师的教学还是学生的学习，本书都能提供较大的帮助。

本书由南京江宁高等职业技术学院管荣平担任主编，南京江宁高等职业技术学校陈高峰、南京财经高等职业技术学校管璇、南京江宁高等职业技术学校王才德和南京江宁高等职业技术学校戴则萍担任副主编，其中管荣平编写了第 4、5 章，陈高峰编写了第 1、2 章，管璇编写了第 6、7 章，王才德编写了第 3 章，戴则萍编写了第 8 章。另外，在本书的编写过程中，编者还参考了部分专业书籍，获得了一些从事职教高考的资深专家的指导和建议，在此，谨对这些资料的作者，以及指导、帮助本书编写的同志们一并表示衷心的感谢！

由于编者水平有限，本书难免存在疏漏之处，恳请广大读者批评指正。

编　者

参考答案

目 录

CONTENTS

第1章　C语言基础知识 ·· 1
　1.1　C语言的基本结构 ·· 2
　1.2　C语言程序的运行环境 ·· 3

第2章　顺序结构程序设计 ··· 6
　2.1　常量和变量 ·· 7
　2.2　运算符及表达式 ··· 13
　2.3　基本语句和数据的输出/输入 ··· 21
　2.4　顺序结构程序设计应用 ··· 29

第3章　选择结构程序设计 ··· 34
　3.1　if 语句 ·· 35
　3.2　switch 语句 ··· 39
　3.3　分支语句嵌套 ·· 45
　3.4　分支结构程序设计应用 ··· 52

第4章　循环结构程序设计 ··· 60
　4.1　while 和 do/while 循环语句 ··· 61
　4.2　for 循环语句 ··· 66
　4.3　break 语句和 continue 语句 ··· 69
　4.4　循环嵌套 ·· 73
　4.5　循环结构程序设计应用 ··· 80

第5章　数组 ·· 87
　5.1　一维数组的定义及初始化 ··· 88
　5.2　一维数组的应用一——排序 ··· 93
　5.3　一维数组的应用二——查找 ··· 100
　5.4　一维数组的应用三——数组元素的 复制、移动、删除和插入 ···························· 105

5.5 二维数组的定义及初始化 ... 115
5.6 二维数组的应用一——极值、排序和移动 ... 122
5.7 二维数组的应用二——矩阵操作 ... 131
5.8 二维数组的应用三——矩阵构成 ... 136

第6章 字符数组、字符串与字符串函数 ... 144
6.1 字符数组与字符串 ... 145
6.2 字符串函数 ... 153
6.3 字符数组和字符串的应用 ... 159

第7章 函数 ... 169
7.1 函数的定义及类型 ... 170
7.2 函数的调用及返回 ... 174
7.3 函数的参数传递 ... 181
7.4 变量的作用域及存储类别 ... 190
7.5 函数的嵌套及递归调用 ... 198
7.6 函数的应用 ... 205

第8章 文件 ... 215
8.1 文件指针及文件的打开和关闭 ... 216
8.2 文件的读/写操作 ... 220
8.3 文件中的常用函数 ... 228
8.4 文件的应用 ... 232

第1章 C 语言基础知识

考纲要求

★ 了解 C 语言的发展史和特点。
★ 掌握 C 语言程序结构中的 main() 函数。
★ 理解头文件、数据说明、函数的开始和结束标志含义。
★ 掌握源程序的书写格式。
★ 理解 C 语言的风格。

1.1 C语言的基本结构

学习目标

1. 了解C语言的发展史和特点。
2. 理解C语言的基本结构。
3. 能够正确书写简单的C语言源程序。

内容提要

1.1.1 C语言的特点

C语言是在20世纪70年代初问世的。C语言之所以发展迅速，成为非常受欢迎的语言之一，主要是因为它具有强大的功能，许多著名的系统软件，如UNIX/Linux、Windows都是由C语言编写的。

归纳起来，C语言具有下列特点：

（1）语言简洁、紧凑，使用方便、灵活。

（2）运算符丰富。C语言把括号、赋值、逗号等都作为运算符处理，从而使C语言的运算类型极为丰富，可以实现其他高级语言难以实现的运算。

（3）数据结构类型丰富。

（4）结构化特征显著。C语言具有结构化的控制语句（如if...else语句、do...while语句和for语句等），并以函数作为程序的基本模块，能更好地实现程序的模块化设计。

（5）语法限制不太严格，程序设计自由度大。C语言程序书写格式自由，一行内可以写几条语句，一条语句也可以分写在多行上，C语言程序没有行号。C语言的每一条语句最后必须有一个分号，分号是C语言语句的组成部分。

（6）C语言允许直接访问物理地址，能进行位（bit）操作，能实现汇编语言的大部分功能，可以直接对硬件进行操作。

（7）生成目标代码的质量高，程序执行效率高。

（8）与汇编语言相比，用C语言编写的程序可移植性好。

1.1.2 C语言的基本构成

下面我们通过一个简单的C语言程序实例，初步了解C语言程序的基本构成。

```
(1)/*这是我的第1个C语言程序*/
(2)#include<stdio.h>
(3)main()                        ——函数首部（函数头）
(4){
(5)    int i;
(6)    i=1;                      函数体
(7)    printf("这是我的第%d个C语言程序",i);
(8)}
```

（1）程序第（1）行的"/*…*/"为注释部分，注释是以"/*"开始，以"*/"结束的，可以跨行，如"/*这是我的第 1 个 C 语言程序*/"。C 语言程序中还可以用"//"符号标注注释，但两者略有区别，"/*…*/"可以跨行注释，而"//"不可以跨行注释，如"//这是我的第 1 个 C 语言程序"。

（2）第（2）行以"#"开头，是一个编译预处理命令。"#include<stdio.h>"的作用是将系统的头文件"stdio.h"调到当前程序中来。"stdio.h"是系统的标准输入/输出头文件，在该文件中提供了许多与输入/输出相关的系统函数。

（3）C 语言程序是由函数构成的。一个 C 语言程序可以只包含一个 main()函数，也可以包含一个 main()函数和若干个其他函数。

（4）一个函数由函数首部［第（3）行］和函数体［第（4）～（8）行］两部分组成。

（5）不论 main()函数在整个程序中的位置如何，C 语言程序总是从 main()函数开始执行的，且当 main()函数执行完毕后，程序也执行结束。

（6）C 语言本身没有输入/输出语句，输入操作由库函数 scanf()函数完成，输出操作由库函数 printf ()函数等来完成。

1.2 C 语言程序的运行环境

学习目标

1. 理解 C 语言程序的设计步骤。
2. 掌握 Visual C++ 6.0 集成开发环境。

内容提要

1.2.1 C语言程序的设计步骤

前面我们看到的用 C 语言编写的程序是源程序，计算机须用编译程序把源程序编译成目标程序，再与系统的数据库及其他目标程序连接起来，形成可执行的程序。

编写一个程序，要经过这样几个步骤：上机输入与编辑源程序→对源程序进行编译→与库函数连接→运行目标程序。例如，编辑后先得到一个源程序文件 a.cpp（或 a.c），经过编译得到目标程序文件 a.obj，再将 a.obj 输入内存，与系统提供的库函数等连接，得到可执行的程序文件 a.exe，最后把 a.exe 调入内存并使之运行，如图 1-2-1 所示。

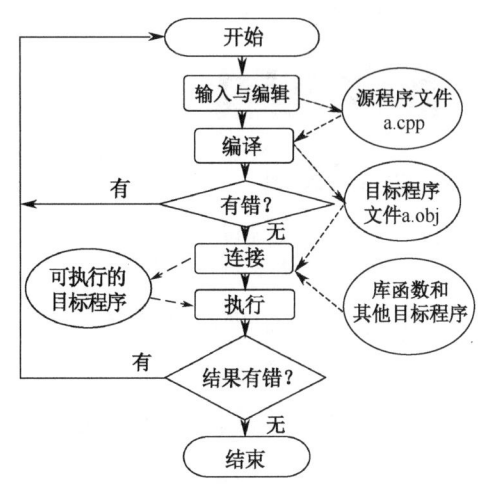

图 1-2-1　C 语言程序的执行过程

1.2.2　Visual C++ 6.0 集成环境

1．C 语言的编译环境

为了编译、连接和运行 C 语言程序，必须要有相应的编译环境。现在很多人用 Visual C++ 6.0 对 C 语言程序进行编译，因此本书的程序调试采用 Visual C++ 6.0 环境程序。Visual C++ 6.0 既可以对 C++程序进行编译，也可以对 C 语言程序进行编译。另外 Dev_C++ 5.11 也是一种常用的编译环境。

2．Visual C++ 6.0（VC++ 6.0）开发环境

在 Windows 的开始菜单中，依次单击"所有程序"→"Microsoft Visual Studio 6.0"→"Microsoft Visual C++ 6.0"即可启动 VC++ 6.0 开发环境，其窗口主菜单如图 1-2-2 所示。

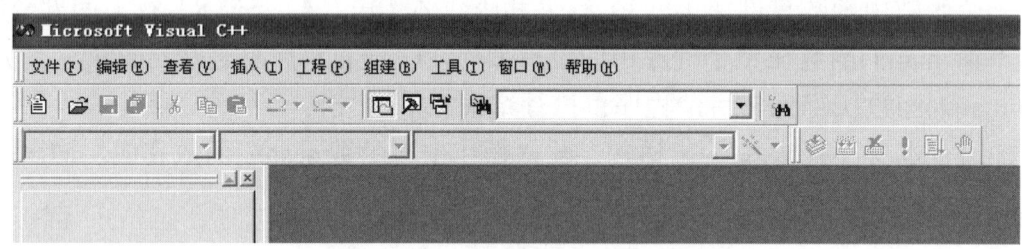

图 1-2-2　VC++ 6.0 的窗口主菜单

窗口标题栏下是主菜单，为方便操作，VC++ 6.0 开发环境中提供了多种工具栏，常用的是标准工具栏和编译工具栏，如图 1-2-3 所示。

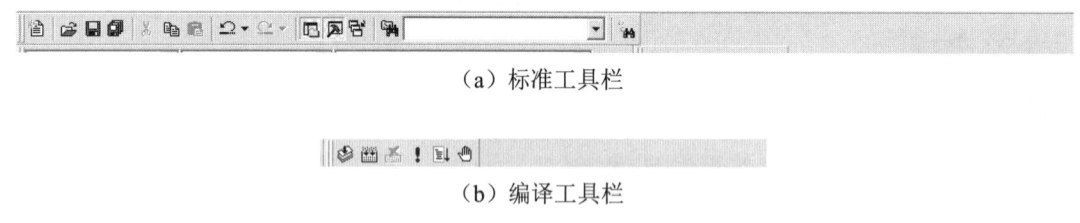

（a）标准工具栏

（b）编译工具栏

图 1-2-3　VC++ 6.0 工具栏

编写 C 语言程序的一般步骤：建立工程文件→建立源程序文件→编辑源程序→编译源程序→调试程序→运行程序。

巩固练习

一、填空题

1．计算机语言分为_____、_____和_____。

2．机器语言是由_____或_____构成的二进制代码组成的。

3．C 语言源程序文件的扩展名是_____，目标程序文件的扩展名是_____，可执行程序文件的扩展名是_____。

4．能把高级语言源程序翻译成机器可直接执行的机器语言的方式有_____和_____两种。

5．函数体是以_____开始，以_____结束的。

6．C 语言中的注释有"/*…*/"和"_____"两种形式，前者一般用于_____，

后者一般用于_____。

7. 在 C 语言程序设计过程中,首先编辑_____,其次通过_____方式转换成_____文件,最后通过_____形成可执行文件,方可运行。

8. 在预处理命令中,"#include<stdio.h>"的含义是_____。

二、选择题

9. 计算机语言的发展是由(　　)语言开始的。
   A．机器　　　　B．汇编　　　　C．高级　　　　D．自然

10. 扩展名为.exe 的文件称为 C 语言的(　　)。
    A．源程序　　　B．目标程序　　C．可执行程序　　D．用户程序

11. 以下说法中正确的是(　　)。
    A．C 语言程序总是从第一个定义的函数开始执行的
    B．在 C 语言程序中,要调用的函数必须在 main()函数中定义
    C．C 语言程序总是从 main()函数开始执行的
    D．C 语言程序中的 main()函数必须放在程序的开始部分

12. C 语言程序从(　　)开始执行。
    A．程序中的第一条可执行语句　　　B．程序中的第一个函数
    C．程序中的 main()函数　　　　　　D．包含文件中的第一个函数

13. C 语言程序只能包含 1 个主函数,但可以包含其他函数的个数是(　　)。
    A．0　　　　　B．1　　　　　C．2　　　　　D．若干

14. 系统默认的 C 语言源程序扩展名为.c,需经过(　　)之后,生成.exe 文件才能运行。
    A．编辑、编译　　　　　　　　　　B．编辑、连接
    C．编译、连接　　　　　　　　　　D．编辑、改错

15. 下面关于 C 语言的叙述正确的是(　　)。
    A．每行只能写一条语句
    B．变量不用定义就能使用
    C．main()函数必须位于文件的开头
    D．每条语句最后必须有一个分号

16. C 语言源程序中的主函数名是(　　)。
    A．master　　　B．leading　　　C．major　　　D．main

三、简答题

17. 简述 C 语言程序的构成。

18. 简述 C 语言程序中 main()函数的作用。

19. 简述 C 语言程序的设计步骤。

四、编程题

20. 编写程序计算 a 与 b 的差 minus（若 a=345，b=123）。

21. 编写一个计算圆面积 s 的程序（若半径 r=2）。

第 2 章

顺序结构程序设计

考纲要求

★ 理解 C 语言的数据类型。

★ 掌握 C 语言常量的使用方法，变量的定义、初始化、赋值和使用方法。

★ 理解 C 语言运算符的种类、运算优先级、结合性。

★ 理解不同类型数据间的转换与运算。

★ 掌握 C 语言表达式类型（赋值表达式、算术表达式、关系表达式、逻辑表达式、条件表达式等）和求值规则。

★ 掌握表达式语句、空语句、复合语句。

★ 掌握输入/输出函数。

2.1 常量和变量

学习目标

1. 理解 C 语言的数据类型。
2. 掌握 C 语言常量的使用方法。
3. 掌握 C 语言变量的定义、初始化、赋值和使用方法。

内容提要

2.1.1 C语言的基本字符集和词汇

1．C 语言的基本字符集

（1）英文字母：包括 26 个大写字母和 26 个小写字母，共 52 个。

（2）数字：0~9，共 10 个。

（3）空白符：包括空格符、制表符、回车符等。

（4）特殊字符：包括 29 个特殊字符，如+、-、*、/、%、&等。

2．C 语言的词汇

（1）**关键字**：又称保留字，是 C 语言预先声明的、具有特定意义的单词，包括数据类型关键字、控制语句关键字、存储类型关键字和其他关键字。

（2）**标识符**：是编程人员定义的单词，标识符表示各种程序对象（如变量、类型、函数、数组和文件等）的名字。在 C 语言中，标识符的构成规则为，以字母或下画线开头，后接由字母、下画线或数字组成的字符序列。

注意 在 C 语言中，大小写字母含义不同，定义标识符时，要做到"见名知义"，尽量避免使用会引起混淆的字符，如字母 o 与数字 0，字母 l 与数字 1 等。

（3）**运算符**：见"2.2 运算符与表达式"中的介绍。

（4）**分隔符**：包括空格符、制表符、逗号和换行符，主要用于程序中的单词分隔。

2.1.2 C语言的基本数据类型

C 语言的基本数据类型如表 2-1-1 所示。

表 2-1-1 C 语言的基本数据类型

标识符类型	名　称	占用字节	表示范围
int、short	整型、短整型	2	$-2^{15} \sim 2^{15}-1$（-32768~32767）
long	长整型	4	$-2^{31} \sim 2^{31}-1$（-2147483648~2147483647）
float	单精度浮点型	4	$-10^{37} \sim 10^{38}$（绝对值）
double	双精度浮点型	8	$-10^{307} \sim 10^{308}$（绝对值）
char	字符型	1	$-2^{7} \sim 2^{7}-1$（-128~127）

注：在 DEV-C 语言中，int 占用 4 字节。

2.1.3 常量

对于基本数据类型，按其取值是否可改变又可分为**常量**和**变量**。其值不能改变的量称为常量，其值可以改变的量称为变量。常量可以直接引用，而变量则必须先定义后使用。

在 C 语言中，常量分为整型常量、实型常量、字符型常量、字符串常量和符号常量。

1．整型常量

整型常量又称**整数**，C 语言中整数可以用三种数制来表示，如表 2-1-2 所示。

表 2-1-2 C 语言中整数的三种数制

数制类型	数值特征	数码取值范围	示　例
十进制整数	日常所用的十进制整数	0～9	123，-35
八进制整数	以数字 0 开头	0～7	0123，-035
十六进制整数	以 0x 或 0X 开头	0～9、a～f 或 A～F	0x123，-0X35

2．实型常量

在 C 语言中，把带小数点的数称为**实数**。它分为单精度浮点实数（float）和双精度浮点实数（double），它们在计算机内存中是以浮点数形式存放的，因此又称为浮点数。C 语言中实型常量的两种表示形式如表 2-1-3 所示。

表 2-1-3 C 语言中实型常量的两种表示形式

表示形式	数据构成	示　例
十进制形式	0～9、小数点和正负号	123.4，-0.3456
指数形式	实数、阶码标识 e 或 E、阶码（整数）和正负号	1.234E+2，-3.456E-1

注意 实型常量只能用十进制形式表示，不能用八进制形式和十六进制形式表示。

3．字符型常量

（1）普通字符型常量。

普通字符型常量由一对用单引号括起来的单个字符构成，例如，'A' 'a' '0' 等都是有效的**字符型常量**，字符型常量在内存中存储时，一个字符占用一字节。在 C 语言中，字符是用其对应的 ASCII 码值来表示的。

注意 在 C 语言中，字符型常量 '0' 的 ASCII 码值为 48，字符型常量 'A' 的 ASCII 码值为 65，字符型常量 'a' 的 ASCII 码值为 97。同一字母的小写字母 ASCII 码值比大写字母 ASCII 码值大 32。

（2）转义字符。

在 C 语言中还使用一种特殊形式的字符型常量，就是以反斜杠"\"开头，后跟一个或几个字符，它们不再具有字符原有的意义，而是具有特定含义，故将其称为"**转义字符**"。它常用来表示一般方式无法表示的控制字符，如用 '\n' 表示换行字符等。常见的转义字符如表 2-1-4 所示。

表 2-1-4 常见的转义字符

转义字符	意　义	备　注
\n	换行，光标移到下一行行首	

续表

转义字符	意 义	备 注
\t	水平制表，光标移到下一个 Tab 位	
\b	退格，光标向后移动一位	
\0	空字符，用作字符串的结束标志	\0 的 ASCII 码值为 0
\a	响铃，发出声音	
\'	单引号字符	
\"	双引号字符	
\o、\oo、\ooo	与该八进制码对应的 ASCII 字符	o 表示八进制中的数码
\xh、\xhh	与该十六进制码对应的 ASCII 字符	h 表示十六进制中的数码

4．字符串常量

在 C 语言中，用双引号括起来的字符序列就是**字符串常量**，如"A""English""I am a student."等。

注意 这里的双引号仅起定界符的作用，并不是字符串中的字符。

字符串常量在内存中存储时，除每一个字符占用一字节外，还会自动在其尾部增加一个转义字符'\0'，用这个特殊字符作为字符串的结束标志。例如，字符串"English"在内存中占用 8 字节，如图 2-1-1 所示。

| E | n | g | l | i | s | h | \0 |

图 2-1-1　字符串"English"在内存中的存储方式

5．符号常量

在 C 语言中，用一个标识符来代表一个常量，称为**符号常量**。符号常量在使用之前必须先定义。在 C 语言中，使用宏定义命令"#define"定义符号常量。定义符号常量的一般形式如下。

```
#define 标识符 常量表达式
```

符号常量的使用示例如下。

```c
#include<stdio.h>
#define PI 3.142
int main()
{   float r,s;
    scanf("%f",&r);
    s=PI*r*r;
    printf("s=%f\n",s);
    return 0;
}
```

本程序中用宏定义命令"#define"定义"PI"，它代表常量 3.142，此后凡是在本程序中出现的"PI"都代表 3.142，它可以和常量一样参与运算。

注意 符号常量的命名遵循标识符命名规则，但是习惯上符号常量的标识符用大写字母，变量标识符用小写字母，以示区别。符号常量不同于变量，它的值在其作用域内不能改变，也不能再被赋值。宏定义命令"#define"不是 C 语句，在行尾不加分号。

2.1.4 变量

1. 变量的属性

<u>变量</u>是指在程序的运行过程中，其值可以发生变化的一种数据对象。每一个变量都用一个标识符来表示，变量标识符称为变量名。变量具有如下属性，如图 2-1-2 所示。

（1）**变量地址**：变量所在存储单元的编号。不同类型的变量占据不同数量的存储单元，存放变量的第一个存储单元的地址（变量的起始地址）就是该变量的地址。

（2）**变量名**：变量所在存储单元起始地址的助记符。

（3）**变量值**：存储在相应存储单元中的数据，即该变量所具有的值。程序通过变量名存取该存储单元中的值。

（4）**类型**：变量所属的数据类型。

图 2-1-2 变量的属性

2. 变量的定义

在 C 语言中，变量一定要先定义后使用。定义变量的一般形式如下。

类型 变量名表；

例如，"int a,b,sum;"。
　　　　"long n;"。
　　　　"float r,s;"。
　　　　"char ch;"。

3. 变量的基本类型

根据使用场合不同，变量也有不同的类型。在 C 语言中，变量的基本类型如图 2-1-3 所示。

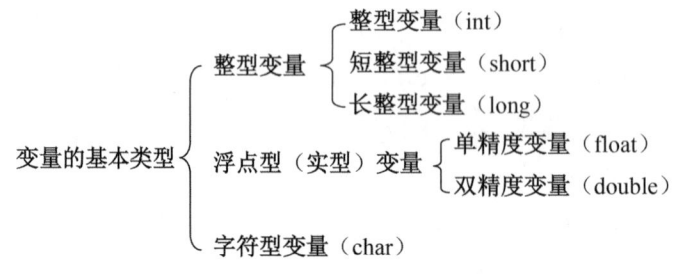

图 2-1-3 变量的基本类型

注意 在 C 语言中，没有字符串变量，如果将字符串常量保存起来，就需要用到字符数组。本书将在第 6 章中详细介绍字符数组。

4. 变量的初始化

程序中经常需要对一些变量预先设置初值，称为变量的初始化。C 语言允许在定义变量的时候，对变量初始化。例如：

"int x=2,y=3;"，相当于"int x,y;x=2,y=3;"。
"float r=3.3;"，相当于"float r;r=3.3;"。

例题解析

【例 2-1-1】 （问答题）变量与符号常量的区别是什么？

解题分析 可以根据变量和符号常量的定义来进行考虑。

答案 根据变量和符号常量的定义可知，它们之间本质的区别在于在程序运行过程中，其值是否可以改变，若可以改变则称为变量，若不能改变则称为符号常量。变量名通常用小写字母标识，符号常量名通常用大写字母标识。另外，符号常量的定义用宏命令#define，与变量的定义不同。

【例 2-1-2】 （选择题）下列 C 语言标识符中合法的变量名是（　　）。

A．_ab1　　　　B．1ab　　　　C．a%b　　　　D．a-b

解题分析 标识符的命名规则：标识符只能由下画线、英文字母和数字组成，且首字符必须为下画线或字母。

答案 A

【例 2-1-3】 （填空题）在 C 语言中，数据的基本类型分为整型、浮点型和_____型。

解题分析 在 C 语言中，数据的基本类型分为整型、浮点型和字符型。

答案 字符

【例 2-1-4】 （判断题）在 C 语言中，数字 0119 可以用来表示八进制数，因为它是以 0 开头的。（　　）

解题分析 在 C 语言中，用八进制表示一个整数的方法：以 0 开头，后跟数字 0~7。本题中出现数字 9，因此是错误的。

答案 ×

 巩固练习

一、填空题

1．一个无符号的整型变量只能存放_____数。

2．定义一个整型变量的同时也可为变量赋初值，即初始化，其格式为_____。

3．C 语言中实型也称为浮点型，实型常量用十进制表示，但有两种表示方法：_____和_____。

4．C 语言中实型变量分为_____和_____。

5．一个转义字符常量只代表_____个字符。

6．转义字符中，反斜线后的十六进制数只能以_____开头。

7．字符型变量只能用来存放_____，一个字符型变量只能存放_____个字符。字符串常量存放在_____中。

8．将一个字符型常量存放到一个字符型变量中，并不是把字符本身存放到变量所在的内存单元中，而是将代表字符的_____存放到存储单元中去。

9. C语言中规定，整型常量和字符型常量、整型变量和字符型变量可以混用，允许给整型变量赋以_____，也允许给字符型变量赋以_____。输出时，允许把字符型常量按整型形式输出，也允许把整型常量按字符形式输出。

10. C语言中规定，存放字符串常量时，其末尾加一个_____，以便系统据此判断字符串是否结束，它的ASCII码值是_____。

11. 'a'是_____常量，占_____字节；"a"是_____常量，占_____字节。

12. C语言中规定，标识符只能由_____、_____和_____三种字符组成。

13. 数字字符'0'的ASCII码值是_____，字符'\0'的ASCII码值是_____，字母'a'的ASCII码值是_____，字母'A'的ASCII码值是_____。

14. 常量0135对应的十进制数是_____，对应的十六进制数是_____。

15. 转义字符'\101'对应的字符是_____，'\141'对应的字符是_____。

二、选择题

16. 下面不是C语言合法标识符的是（　　）。
   A．_ab1　　　B．1_ab　　　C．ab_1　　　D．a_b1

17. char型数据所占内存空间是（　　）位。
   A．2　　　B．4　　　C．8　　　D．16

18. 下面哪一个不是浮点数（　　）。
   A．32　　　B．-3.2　　　C．3.2　　　D．3.2e-2

19. long型数据的长度是（　　）字节。
   A．4　　　B．8　　　C．32　　　D．64

20. 下面对字符串常量的表述不正确的是（　　）。
   A．'ABC'　　　B．"*?*"　　　C．"0"　　　D．"ABC"

21. 下面（　　）不是C语言使用的进制。
   A．二进制　　　B．八进制　　　C．十进制　　　D．十六进制

22. 下面属于八进制数的是（　　）。
   A．0x123　　　B．123　　　C．01239　　　D．0123

23. float型数据的长度是（　　）位。
   A．8　　　B．16　　　C．32　　　D．64

24. 字符'a'占用的存储空间为（　　）。
   A．1字节　　　B．2字节　　　C．3字节　　　D．4字节

三、简答题

25. 字符型常量和字符串常量的区别是什么？

26. 符号常量和变量的区别是什么？

2.2 运算符及表达式

学习目标

1. 理解 C 语言运算符的种类、运算优先级、结合性。
2. 理解不同类型数据间的转换与运算。
3. 掌握 C 语言表达式的类型（算术表达式、赋值表达式、逗号表达式、关系表达式、逻辑表达式、条件表达式）和求值规则。

内容提要

2.2.1 算术运算符和算术表达式

C 语言运算符是表示各种数据操作的符号。运算符是数据运算的规则，不同的运算符具有不同的运算规则，本节我们主要介绍以下几类 C 语言的运算符。

- 算术（自增/自减）运算符：+、-、*、/、%、++、--。
- 关系运算符：>、<、>=、<=、!=、==。
- 逻辑运算符：!、&&、||。
- 赋值运算符：=。
- 条件运算符：?:。
- 逗号运算符：,。
- 强制类型转换运算符：(类型名称)运算量，如(int)运算量、(double)运算量等。

1. 算术运算符

C 语言提供了 8 种**算术运算符**。算术运算符的基本信息如表 2-2-1 所示（优先级 1 为最高）。

表 2-2-1 算术运算符的基本信息

运算符	名称	分类	优先级	结合性	示例
+	加	双目	4	左结合性	x+y，求 x 和 y 的和
-	减	双目	4	左结合性	x-y，求 x 和 y 的差
*	乘	双目	3	左结合性	x*y，求 x 和 y 的积
/	除	双目	3	左结合性	x/y，求 x 除以 y 的商
%	模除	双目	3	左结合性	x%y，求 x 除以 y 的余数
-	求负	单目	2	右结合性	-x，求 x 的负数
++	自增	单目	2	右结合性	x++，x 的值自增 1
--	自减	单目	2	右结合性	x--，x 的值自减 1

说明：

（1）除法运算，当除号两边都为整数时，结果依然为整数，其值采用向 0 取整（舍去小数部分）。

例如，2/3=0，3/2=1（2/3.0=0.666667，3/2.0=1.5）。

（2）模除运算，被除数和除数均为整数。运算结果：大小为两个数的绝对值相除的余数；符号与被除数（前数）保持一致

例如，5%3=2，-5%3=-2，5%(-3)=2，-5%(-3)=-2。

注意 对于自增和自减运算，若符号在前，则先变化后应用；若符号在后，则先应用后变化。同一个变量多次自增、自减应注意方向为自右向左。例如：

```
(1)  #include<stdio.h>
(2)  main()
(3)  {
(4)      int i=1,j=2;
(5)      printf("%d\n",i---j);
(6)      printf("%d,%d\n",i,j);
(7)      printf("%d,%d\n",++i,j--);
(8)      printf("%d,%d\n",i,j);
(9)  }
```

程序运行结果如下。

-1

0,2

1,2

1,1

因为自增、自减运算符均为单目运算，都具有右结合性，故在程序第（5）行中，"i---j"自减运算符属于i（i--），因符号在后，故先应用"printf("%d\n",i-j);"再变化i--。程序第（7）行可理解成分3步执行：第1步执行++i；第2步执行"printf("%d,%d\n",i,j);"；第3步执行j--。

2．算术表达式的优先级

算术运算符中++、--的优先级为2级，*、/、%的优先级为3级，+、-的优先级为4级。

2.2.2 赋值运算符和赋值表达式

1．赋值运算符

赋值运算符，即"="，它的作用是将一个表达式的值赋给一个变量。

2．赋值运算符的优先级

赋值运算符的优先级为14级。

3．赋值运算符的结合性

赋值运算符的结合性为右结合性。

4．赋值表达式

赋值表达式的一般形式如下。

变量=表达式

例如，a=c+b，读作将表达式c+b的值赋给变量a。

赋值运算的运算过程：先计算"="右边表达式的值，再将其赋给"="左边的变量。因此"a=b=c=5"可理解为"a=(b=(c=5));"。

注意 C语言中的赋值运算符"="与数学中的等号"="的区别。

5．复合赋值表达式

在赋值运算符"="之前加上其他双目运算符可构成**复合赋值运算符**，如+=、-=、*=、/=、%=等。

复合赋值表达式的一般形式如下。

```
变量　双目运算符=表达式
```

其等价于"变量=变量 运算符 (表达式)"。

例如：

a+=4 等价于 a=a+4。

a*=b+2 等价于 a=a*(b+2)，注意：表达式 b+2 要加一对圆括号。

x%=z 等价于 x=x%z。

2.2.3　逗号运算符和逗号表达式

1．逗号运算符

逗号运算符","是 C 语言中一个比较特殊的运算符，它的作用是将两个表达式连接起来。

2．逗号运算符的优先级

逗号运算符的优先级为 15 级。

3．逗号运算符的结合性

逗号运算符的结合性为左结合性。

4．逗号表达式

逗号表达式的一般形式如下。

```
表达式1,表达式2
```

逗号运算符的功能是把两个表达式连接起来组成一个表达式，称为**逗号表达式**。其求值过程是从左到右分别计算两个表达式的值，并以表达式 2 的值作为整个逗号表达式的值。

逗号表达式一般形式中的表达式 1 和表达式 2，也可以是逗号表达式。

例如，表达式 1,(表达式 2,表达式 3)，形成了嵌套情形。因此可以把逗号表达式扩展为表达式 1,表达式 2,…,表达式 n，整个逗号表达式的值等于表达式 n 的值，但运算顺序是从左到右。

例如：

```
(1)#include<stdio.h>
(2)int main()
(3){   int x=2,y=3,z=4;
(4)    z=x,y;
(5)    printf("x=%d,y=%d,z=%d\n",x,y,z);
(6)    x=(x-y,x+y);
(7)    y=(y=z,2*y);
(8)    printf("x=%d,y=%d,z=%d\n",x,y,z);
(9)    return 0;
(10)}
```

程序运行结果如下。

x=2,y=3,z=2

x=5,y=4,z=2

注意 程序第（4）行"z=x,y;"中的逗号表达式是"x,y"，而程序第（7）行"y=(y=z,2*y);"中的逗号表达式是"y=z,2*y"，要先算表达式1（y=z）的值，再算表达式2（2*y）的值。

2.2.4 关系运算符和关系表达式

关系运算：对两个运算量进行"比较运算"，返回**逻辑值**。在 C 语言中，"真"用"1"表示，"假"用"0"表示，但除了"0"以外其他任何值都为"真"，即"非 0 为真"。

C 语言提供了 6 种**关系运算符**。关系运算符的基本信息如表 2-2-2 所示。

表 2-2-2　关系运算符的基本信息

运算符	名称	分类	优先级	结合性	示例
>	大于	双目	6	左结合性	x>y，x 大于 y
>=	大于等于	双目	6	左结合性	x>=y，x 大于等于 y
<	小于	双目	6	左结合性	x<y，x 小于 y
<=	小于等于	双目	6	左结合性	x<=y，x 小于等于 y
==	等于	双目	7	左结合性	x==y，x 等于 y
!=	不等于	双目	7	左结合性	x!=y，x 不等于 y

说明：

运算符的优先级如下。

算术运算符、关系运算符、赋值运算符

高　────────────→　低

例如，c>a+b 等价于 c>(a+b)，而 a==b<c 等价于 a==(b<c)。

2.2.5 逻辑运算符和逻辑表达式

C 语言提供了 3 种逻辑运算符。**逻辑运算符**的基本信息如表 2-2-3 所示。

表 2-2-3　逻辑运算符的基本信息

运算符	名　称	分类	优先级	结合性	示例
||	逻辑或	双目	12	左结合性	x||y，x 或 y
&&	逻辑与	双目	11	左结合性	x&&y，x 与 y
!	逻辑非	单目	2	右结合性	!x，求 x 的反

说明：

（1）逻辑运算符如下。

① !（逻辑非），即非假为真，非真为假。口诀：真假颠倒。

② &&（逻辑与），即两边都为真时为真，其余为假。口诀：有假出假。

③ ||（逻辑或），即两边都为假时为假，其余为真。口诀：有真出真。

（2）运算符优先级如下。

```
！（逻辑非）         高
算术运算符
关系运算符
&&（逻辑与）
||（逻辑或）
赋值运算符          低
```

2.2.6 条件运算符与条件表达式

1．条件运算符

条件运算符"？："是 C 语言中唯一的三目运算符，即有三个操作数参与运算。

2．条件运算符的优先级

条件运算符高于赋值运算符，低于算术运算符、关系运算符。

3．条件运算符的结合性

条件运算符的结合性为右结合性。

例如，从键盘上输入两个整数，求它们的最大数。

```c
#include<stdio.h>
main()
{   int a,b,max;
    scanf("%d%d",&a,&b);
    max=a>b?a:b;
    printf("%d\n",max);
}
```

4．条件表达式

条件表达式的一般形式如下。

表达式1?表达式2:表达式3

例如，a>b?a:c>d?c:d 等价于 a>b?a:(c>d?c:d)。

运算过程：先计算表达式 1 的值，若其为真（非 0）时，则计算表达式 2 的值，且整个条件表达式的值等于表达式 2 的值；若表达式 1 为假（0）时，则计算表达式 3 的值，且整个条件表达式的值等于表达式 3 的值。

2.2.7 数据类型强制转换

数据类型强制转换的一般形式如下。

（类型说明符）（表达式）

其功能是把表达式的运算结果强制转换成类型说明符所表示的类型，当强制类型转换符为 int 时，其值向 0 取整（舍去小数部分）。

例如，(int)(3.6)=3，(int) (-3.6)=-3。

2.2.8 常用的数学函数

C 语言中提供了许多具有不同功能的基本**函数**，其中，数学函数可以进行一些基本的数学运算。在使用数学函数之前，要求在程序开头包含头文件 math.h，即"#include<math.h>"。

例题解析

【例2-2-1】 阅读下列程序并写出程序运行结果。

```
#include<stdio.h>
main()
{   int a,b;
    a=5,b=4;
    printf("a=%d,b=%d\n",a++,b--);
    printf("a=%d,b=%d\n",++a,--b);
    printf("a=%d,b=%d\n",++a,b--);
}
```

解题分析 自增、自减运算符均为单目运算，都具有右结合性。当符号在前时，先变化后应用；当符号在后时，先应用后变化。同一个变量多次自增、自减应注意方向为自右向左。

答案

a=5,b=4

a=7,b=2

a=8,b=2

【例2-2-2】 已知"int a=7,b=3;"，则下列表达式运算后 a 的值各为多少？

a+=a

a*=1+3

a/=a+a

b%=(b%=2)

a+=a*=a-=3

解题分析 变量 双目运算符=表达式，其等价于变量=变量 运算符 (表达式)。

注意 赋值运算符的结合性是从右向左，赋值运算符右边的运算符的表达式要加小括号。

a+=a 等价于 a=a+a。

a*=1+3 等价于 a=a*(1+3)。

a/=a+a 等价于 a=a/(a+a)。

b%=(b%=2)等价于 b=b%(b=b%2)。

a+=a*=a-=3 等价于 a=a+(a=a*(a=a-3))。

答案

14

28

0

0

32

【例2-2-3】 已知：m_1、m_2 为两个物体的质量，大小分别为 2 千克、4 千克，r 为两个物体之间的距离，大小为 10 米。编写程序，计算两个物体间的万有引力。万有引力公式为 $f = G\dfrac{m_1 m_2}{r^2}$，其中 G 为常数，$G = 6.637 \times 10^{-3}$。

解题分析 G 为常量，可以将它定义成符号常量。本题共涉及 m_1、m_2、r 和 f 四个变量，可以将这四个变量定义成浮点数。m_1、m_2 和 r 已知，先用赋值语句给它们赋值，然后根据万有引力公式计算 f 并输出。

答案

```
#include<stdio.h>
#define G 6.637e-3              //将G定义为符号常量
main()
{   float m1,m2,r,f;
    m1=2;
    m2=4;
    r=10;
    f=G*m1*m2/(r*r);            //万有引力公式,注意分母上的圆括号不能丢
    printf("f=%f\n",f);
}
```

【例2-2-4】 已知一个三角形的三边长为 a、b、c，编写程序，计算该三角形的面积 s。求三角形面积的公式为 $s = \sqrt{p(p-a)(p-b)(p-c)}$，其中，$p = \dfrac{1}{2}(a+b+c)$。

解题分析 本题共涉及 5 个变量，即 a、b、c、p、s，可以将这 5 个变量定义成浮点型，a、b、c 已知，因而可以计算出 p，进而计算出三角形面积 s 并输出。计算三角形面积时，需要用到平方根函数 [sqrt()]，因此，要求在程序开头包含头文件 math.h，即 "#include<math.h>"。

答案

```
#include<stdio.h>
#include<math.h>                 //提供开平方根函数
main()
{   float a,b,c,p,s;             //将变量定义成浮点数
    printf("Input a,b,c: ");
    scanf("%f%f%f",&a,&b,&c);    //从键盘输入三个数赋给变量a,b,c
    p=(a+b+c)/2;                 //注意分子上的圆括号不能丢
    s=sqrt(p*(p-a)*(p-b)*(p-c));
    printf("s=%f\n",s);
}
```

巩固练习

一、选择题

1. 7%2 的值是（　　）。
   A. 3.5　　　　　　B. 3　　　　　　C. 1　　　　　　D. 5
2. 在以下各项运算符中，要求运算数必须是整型的运算符是（　　）。

A．*　　　　　　B．/　　　　　　C．%　　　　　　D．++

3. 设"int a=15,b=2,c=16;"，则表达式"b*c%a"的值是（　　　）。
　　A．1　　　　　B．2　　　　　C．3　　　　　D．4

4. 变量均是整型，且"num=sum=7;"，则执行语句"sum++;++num;sum+=num++;"后，sum的值是（　　　）。
　　A．17　　　　B．18　　　　C．15　　　　D．16

5. 若有以下定义："int x=7,k=9;"，则表达式 x*=(k%5)的值是（　　　）。
　　A．14　　　　B．28　　　　C．7　　　　D．0

6. 表达式'A'>='A'的值是（　　　）。
　　A．0　　　　　B．1　　　　　C．假　　　　D．3

7. 设"a=0,b=4,c=5;"，则执行表达式"!(a+b)+c-1&&b+c/2"的值是（　　　）。
　　A．6.5　　　　B．1　　　　　C．2　　　　　D．0

8. 若 m=2,x=3,y=5,z=6，则执行下面语句后 m 的值是（　　　）。
```
m=(m<x)?m:x;
m=(m>y)?m:y;
m=(m<z)?m:z;
```
　　A．3　　　　　B．4　　　　　C．5　　　　　D．6

9. 已知"int x=1,y;"，执行语句"y=x--;y+=x++;"后，变量 x、y 的值分别是（　　　）。
　　A．2　1　　　B．1　2　　　C．4　3　　　D．1　1

10. 已知"int a=11,b=6;"，则表达式"a%=b+2"的值是（　　　）。
　　A．3　　　　　B．5　　　　　C．7　　　　　D．8

二、填空题

11. 计算 a、b 的平方差，C 语言的表达式为_____。

12. 设"int a=2,b=3;"，则执行"a=b/2+3;"语句后，a 的值是_____。

13. 逗号表达式"2+1,0,8"的值是_____。

14. 设"float a=1,b=5;"，则执行"printf("%f",a=b/2+3);"语句后，a 的值是_____。

三、程序阅读题

15.
```
#include<stdio.h>
main()
{ int x=2,y=3,z=4;
  x-=y+=z;
  printf("%d\t%d\t%d\n",x,y,z);
  printf("%d\n",z=x>y?x++:y:y++);
  printf("%d\t%d\n",y,z);
  printf("%d\n",x<y?y:x);
  printf("%d\n",x<y?x++:y++);
  printf("%d\t%d\n",x,y);
  printf("%d\n",(z>=y&&y==x)?1:0);
  printf("%d\n",z<=y&&y>=x);
```

}
该程序运行后的结果为_____。

16.
```
#include<stdio.h>
main()
{   int a=2,b;
    float x=-3.2;
    b=(int)x*2;
    a=b++;
    printf("%d,%d\n",a,b);
    b=a%3;
    a=--b;
    printf("%d,%d\n",a,b);
}
```
该程序运行后的结果为_____。

四、编程题

17．从键盘上输入 2 个整数 a 和 b，求它们的积 p。

18．假设 m 是一个两位数，编写程序，求出 m 的逆序数（如 $m=34$，它的逆序数为 43）。

19．编写交换 2 个变量的值的程序，要求不借助第 3 个变量。

20．编写一个程序，将温度的单位从华氏度（f）转换成摄氏度（c），转换公式为 $c=\dfrac{5}{9}(f-32)$。

2.3 基本语句和数据的输出/输入

学习目标

1．掌握表达式语句、空语句、复合语句。
2．理解输入函数和输出函数在 C 语言程序中的作用。
3．熟练掌握 printf()函数和 scanf()函数的使用方法。
4．理解格式化输入和格式化输出的格式。

内容提要

在前面的章节中，我们已经学习了 C 语言的基本知识，本节将介绍如何将这些基本成分有效地组合在一起，构成合法的、有意义的程序。顺序结构是结构化程序设计最简单、最常用的基本结构，也是所有应用程序的主体。

2.3.1 数据的输出

在计算机中，输入/输出（I/O）是以计算机主机为主体而言的。若从主机向输出设备传输数据，称为"输出（Output）"，而从输入设备向主机传输数据，则称为"输入（Input）"。例如，我们已经遇到过的 printf()函数（格式化输出函数）和 scanf()函数（格式化输入函数）。printf()函数的功能是按用户指定的格式，把指定的数据输出到显示器上，而 scanf()函数的功能是将用户从终端输入的数据送到程序中。

1．字符输出函数［putchar()函数］

（1）putchar()函数格式。

```
putchar(输出项);
```

例如，

putchar(ch);　　//ch 为变量名

putchar('A');

（2）说明。

① 输出项一般为字符变量或字符常量。

② putchar()函数一次只输出一个字符。

2．格式化输出函数［printf()函数］

（1）printf()函数格式。

```
printf("格式控制字符串",输出表列);
```

例如，

"printf("%d,%c",a,b);"。

（2）说明。

① 格式控制字符串。

格式控制字符串包括两部分：格式说明符和普通字符串。格式说明符是以%开头的字符串，在%后面跟各种格式字符，以说明输出数据的类型、形式、长度、小数位数等。例如，%d 为输出整型数据，%c 为输出字符型数据。普通字符串是需要原样输出的字符串。

② 输出表列。

输出表列中给出了各个输出项，可以是变量，也可以是表达式，但要求格式字符串和各输出项两者在数量和类型上一一对应。

例如：

```
#include<stdio.h>
int main()
{
    int a=88,b=89;
    printf("%d %d\n",a,b);
    printf("%c,%c\n",a,b);
    printf("a=%d,b=%c\n",a,b);
    return 0;
}
```

程序运行结果如下。

88 89

x,y

a=88,b=y

③ printf()函数格式说明符如表 2-3-1 所示。

表 2-3-1 printf()函数格式说明符

格式说明符	含 义
d	以十进制形式输出带符号整数（正数不输出符号）
o	以八进制形式输出无符号整数（不输出前缀0）
x,X	以十六进制形式输出无符号整数（不输出前缀0x）
u	以十进制形式输出无符号整数
f	以小数形式输出单精度实数
lf	以小数形式输出双精度实数
e,E	以指数形式输出实数
g,G	选择%f或%e格式输出实数（选择占宽度较短的一种格式输出）
c	输出单个字符
s	输出字符串

（3）附加格式说明符。

附加格式说明符的一般形式如下。

`[-][m][.n][l]类型`

prinrf()函数的附加格式说明符如表 2-3-2 所示。

表 2-3-2 printf()函数的附加格式说明符

附加格式说明符	含 义
-	输出的数字或字符在区域内向左靠齐
m	数据的最小宽度
.n	对于实数，表示输出 n 位小数；对于字符串，表示截取的字符个数
l	用于长整型，可加在格式说明符 d、o、u、x 前面

（4）调用 printf()函数时的注意事项。

① 在格式控制字符串中，格式说明与输出项从左到右在类型和个数上必须一一对应。

② 在格式控制字符串中，除了合法的格式说明，可以包含任意的合法字符（包括转义字符），这些字符在输出时将"原样输出"。

③ 如果需要输出%（百分号），则应该在格式控制字符串中用两个连续的百分号%%来表示。

2.3.2 数据的输入

1. 字符输入函数［getchar()函数］

（1）getchar()函数格式。

```
getchar();
```

例如，"ch=getchar();"，ch 为变量名。

（2）说明。

① getchar()函数一次只能接收一个字符。

② getchar()函数接收的字符可以赋值给 int 型或 char 型的变量。

2. 格式化输入函数［scanf()函数］

（1）scanf()函数格式。

```
scanf("格式控制字符串",地址表列);
```

例如，"scanf("%d%c",&a,&b);"。

其中，格式控制字符串的作用与printf()函数相同，但不能显示非格式字符串，也就是不能显示提示字符串。要求**地址表列**中各项是变量的地址，而不是变量名。地址是由地址运算符"&"和变量名组成的，如&a，&b。

有下列程序：

```
#include<stdio.h>
int main()
{
    int a,b;
    scanf("%d%d",&a,&b);
    printf("a=%d,b=%d\n",a,b);
    printf("a=%c,b=%c\n",a,b);
    return 0;
}
```

从键盘输入"97□98↙"（□表示空格，↙表示回车符，下同）。

程序运行结果如下。

a=97,b=98

a=,b=

注意 "%d%d"表示要按照十进制整数形式输入两个数据。输入数据时，在这两个数据之间可以用一个或多个空格来间隔，也可以用回车键或 Tab 键。所以上例中，也可以用以下的输入方式：

"97↙98↙" 或 "97 Tab 98↙"。

（2）格式字符。

scanf()函数附加格式说明符与 printf()函数附加格式说明符类似，以%开头，以一个格式字符结束，中间可以插入附加格式说明符，如表2-3-3所示。

表2-3-3　scanf()函数的附加格式说明符

附加格式说明符	含　义
m	指定输入数据所占宽度（列数），域宽应为正整数
*	表示本输入项在输入后不赋给相应的变量
h	用于输入短整型数据
l	用于输入长整型及double型数据

例如，在语句"scanf("%2d%*3d%2d",&a,&b);"中输入"12345678↙"，则系统将"12"赋给"a"，"345"略去，"67"赋给"b"。

（3）调用scanf()函数时的注意事项。

① scanf()函数中的格式控制字符串后面应当是变量地址，而不能是变量名。

② 如果在格式控制字符串中除了格式说明符还有其他字符，则在输入数据时在对应位置应输入与这些字符相同的字符。

③ 在用"%c"格式输入字符时，空格字符和转义字符都作为有效字符输入。

④ 输入数据时不能规定精度。

注意 在输入数据时,遇到以下情况即认为该数据结束:
① 遇空格或按 Enter 键或按 Tab 键。
② 按指定的宽度结束,如 "%3d" 表示只取 3 列。
③ 遇非法输入。

例题解析

【例 2-3-1】 写出下列程序的运行结果。

```
#include<stdio.h>
main()
{
    int a=7,b=5;
    float x=3.141,y=-42.9371;
    char c='A';
    printf("%d,%d\n",a,b);
    printf("%d,%c\n",c,c);
    printf("%o,%x\n",c,c);
    printf("%f,%f\n",x,y);
    printf("%3f,%10f\n",x,y);
    printf("%8.3f,%-12f\n",x,y);
    printf("%.5f,%7.2f\n",x,y);
}
```

解题分析 %d 表示整型输出,%f 表示小数形式输出(有效小数位数为 6 位),%c 表示字符型输出,%s 表示原样输出字符串(不含双引号),%o 表示以八进制形式输出,%x 表示以十六进制形式输出。常用的输出格式还有下列形式。

%md: 指定输出字段宽度为 m,若输出位数小于 m,输出数据左边补空格。

%ms、%-ms: 同%md。

%m.ns: 输出占 m 列,但只取字符串左侧 n 个字符,m>n 时左补空格。

%m.nf: 输出占 m 列,其中有 n 位小数,不足 m 列,输出数据左侧补空格。

答案
7,5
65,A
101,41
3.141000,-42.937100
3.141000,-42.937100
□□□3.141,-42.937100
3.14100,□-42.94

【例 2-3-2】 写出下列程序的运行结果。

```
#include<stdio.h>
main()
```

```
{
    scanf("%3d%3d",&a1,&a2);
    scanf("%2d%*3d%2d",&b1,&b2);
    scanf("%3c",&c);
    printf("a1=%d,a2=%d\n",a1,a2);
    printf("b1=%d,b2=%d\n",b1,b2);
    printf("c=%c\n",c);
}
```

程序运行时,从键盘输入:

123456↙

12□345□67↙

abc↙

则程序运行后的结果为_____。

解题分析 因为程序指定的宽度为%3d,所以 a1、a2 各取 3 列,%*3d 读取后不赋值给变量,故 b1=12,b2=67。字符变量 c 只能存放一个字符,因此读取第一个字符存放。

答案

a1=123,a2=456

b1=12,b2=67

c=a

【例 2-3-3】 写出下列程序的运行结果。

```
#include<stdio.h>
main()
{
    char c1,c2;
    scanf("%c%c",&c1,&c2);
    printf("c1=%c,c2=%c\n",c1,c2);
}
```

若程序运行时,从键盘输入"ab↙",则程序运行后的结果为_____。

解题分析 若在键盘中输入"a,b↙",则程序的运行结果为"c1=a,c2=,";若程序中的输入函数改写成"scanf("%c,%c",&c1,&c2);",那么在输入时则需要输入"a,b↙",这时的逗号不是间隔符,而是格式控制中的逗号。在使用 scanf()函数时,注意函数中的格式控制字符串,输入数据时按照原样输入。

答案

c1=a,c2=b

 巩固练习

一、程序阅读题

1.

```
#include<stdio.h>
```

```
main()
{
    int a=1,b=2;
    a=a+b;
    b=a-b;
    a=a-b;
    printf("%d,%d\n",a,b);
}
```

程序运行后的结果为_____。

2.
```
#include<stdio.h>
main()
{   int a=1,b=2,t;
    t=a;
    a=b;
    b=t;
    printf("%d,%d\n",a,b);
}
```

程序运行后的结果为_____。

3.
```
#include<stdio.h>
main()
{   char ch='A';
    ch=ch+32;
    printf("%c\n",ch);
}
```

程序运行后的结果为_____。

4.
```
#include<stdio.h>
main()
{   int x=2,y=4;
    printf("%d,%d,%d\n",x>y,x<y,x==y);
}
```

程序运行后的结果为_____。

5.
```
#include<stdio.h>
main()
{   int x=2,y=8;
    float a=1.68;
    double b=1.987654321;
    printf("注意输入的格式，思考原因\n");
    printf("%d",x);
    printf("y=%d",y);
    printf("\n");
```

```
    printf("x+y=%d\n",x+y);
    printf("%5f\t一位小数:%5.1f\t三位小数:%5.3f\n",a,a,a);
    printf("%5f,%5.1f,%5.3f\n",b,b,b);
}
```

程序运行后的结果为_____。

6.

```
#include<stdio.h>
main()
{   int a=108;
    char c='a';
    float x=4.835;
    printf("%d,%o,%x\n",a,a,a);
    printf("%4d%2d\n",a,a);
    printf("%3c%c\n",c,c);
    printf("%d%c\n",c,c);
    printf("%s%4s%6s%-6s\n","hello","hello","hello","hello");
    printf("%5.4s%4.5s%-5.4s\n","hello","hello","hello");
    printf("%f%4.1f%-4.1f%6.2f\n",x,x,x,x);
    a*=2+5;
    printf("%d\n",a);
}
```

程序运行后的结果为_____。

7.

```
#include<stdio.h>
main()
{   int a=2,b=3,c=-4;
    float x=123.45,y=-13.24;
    char ch='A';
    long n=1234;
    unsigned m=65535;
    printf("%3d,%3d,%3d\n",a,b,c);
    printf("%8.2f,%8.2f,%10.2e\n",x,y,y);
    printf("%c,%d,%o,%x\n",ch,ch,ch,ch);
    printf("%ld,%lo,%lx\n",n,n,n);
    printf("%u,%o,%x,%d\n",m,m,m,m);
}
```

程序运行后的结果为_____。

8.

```
#include<stdio.h>
main()
{   int a=1,b=3,c=5;
    a+=b+=c;
    printf("%d\n",a<b?b:a);
    printf("%d,%d\n",a,b);
    printf("%d\n",c+=a>b?a++:b++);
```

```
    printf("%d,%d,%d\n",a,b,c);
}
```
程序运行后的结果为_____。

二、编程题

9. 编写一个程序，先将'a'和123.4分别存储到不同的变量中，然后输出这两个值。

10. 编程计算23级计算机中专1班小明同学的期末考试总分及平均分（假设有4门科目，结果保留1位小数）。

11. 设圆半径 r=1.5 米，圆柱高 h=3 米，编程计算圆柱底面积、圆柱体积。用 scanf()函数输入数据，结果保留2位小数。

12. 编写程序，求一元二次方程 $ax^2+bx+c=0$（若 $b^2-4ac>0$）的实数根。结果保留2位小数。

2.4 顺序结构程序设计应用

1. 进一步掌握 C 语言的运算对象和表达式。
2. 熟练掌握顺序结构程序的设计方法。
3. 熟练掌握顺序结构中的典型例题。

顺序结构程序设计是结构化程序设计中最简单、最常用的基本结构，它是学习**选择结构**与**循环结构**的基础，同时也是思维从 C 语句转换为 C 语言程序的起点，熟练掌握顺序结构程序的设计方法是学好后续章节的基础。

【例2-4-1】 已知三角形的两边长 a、b 及其夹角 α，求三角形的第三边长 c 和面积 s，结果保留1位小数。

解题分析 根据三角形公式可知以下关系：
$$c = \sqrt{(a^2 + b^2 - 2ab\cos\alpha)}$$
$$s = \frac{1}{2}ab\sin\alpha$$

若 α 值以角度输入，计算前需要将角度转换成弧度，180° 等于 π 弧度。另外，因为 α 和 π 不是英文字母，也不是合法的 C 语言标识符，所以程序中 α 可用 alph 表示，定义为变量；π 可用 PI 表示，定义为符号常量。C 语言中，α 和 π 均为非法字符。

答案

```
#include<stdio.h>
#include<math.h>
#define PI 3.1415926
main()
{
    float a,b,c,s,alph;
    printf("Input a,b,alph:");
    scanf("%f%f%f",&a,&b,&alph);
    alph=alph*PI/180;                      //将角度转换为弧度
    c=sqrt(a*a+b*b+2*a*b*cos(alph));       //计算第三条边长
    s=a*b*sin(alph)/2;                     //计算三角形面积
    printf("c=%.1f,s=%.1f\n",c,s);
}
```

【例2-4-2】 从键盘上输入一个三位正整数，求各位数字的积。

解题分析 定义变量n存放三位数，各位数字分别用变量bw、sw、gw表示，它们的积用p表示，即p=bw*sw*gw。本题的关键是如何求出bw、sw、gw。具体求法为百位数字为bw=n/100，十位数字为sw=(n/10)%10，个位数字为gw=n%10。

答案

```
#include<stdio.h>
main()
{
    int n,bw,sw,gw,p;
    printf("Input n:");
    scanf("%d",&n);
    bw=n/100;              //求n的百位数
    sw=(n/10)%10;          //求n的十位数
    gw=n%10;               //求n的个位数
    p=bw*sw*gw;
    printf("p=%d\n",p);
}
```

【例2-4-3】 编写程序，从键盘输入三个整数，输出其中的最大数。

解题分析 利用条件表达式可求出两个数中的较大数max，然后再一次利用条件表达式求出这个较大数max与第三个数的大数，这个大数就是三个数中的最大数。

答案

```
#include<stdio.h>
main()
{
    int x,y,z,max;
    printf("Input x,y,z:");
    scanf("%d%d%d",&x,&y,&z);
    max=x>y?x:y;           //先求两个数x,y中的大数并将其存放到变量max中
    max=max>z?max:z;       //再求出这个大数max与第三个数z中的大数
    printf("max=%d\n",max);
}
```

巩固练习

一、程序阅读题

1.
```
#include<stdio.h>
main()
{
    int a=65;
    char b='a';
    printf("%d,%c",a,a);
    printf("%d,%c\n",b,b);
    printf("%d,%d\n",'\101','\x41');
    printf("%c,%c\n",'\101','\x41');
}
```
程序运行后的结果为_____。

2.
```
#include<stdio.h>
main()
{
    int a=4294967295;
    int b=-1;
    printf("%d,%u\n",a,a);
    printf("%d,%u\n",b,b);
}
```
程序运行后的结果为_____。

3.
```
#include<stdio.h>
main()
{
    int a;
    scanf("%3d",&a);
    printf("%d\n",a);
}
```
程序运行时，若输入"12345✓"，程序运行后的结果为_____。

4.
```
#include<stdio.h>
main()
{
    int a,b;
    scanf("%o%x",&a,&b);
    printf("%d,%d\n",a,b);
    printf("%x,%o\n",a,b);
}
```
程序运行时，若输入"101□41✓"，程序运行后的结果为_____。

5.
```
#include<stdio.h>
main()
{
    int a,b,c;
    scanf("%d%d%*d%d",&a,&b,&c);
    printf("%d,%d,%d\n",a,b,c);
}
```
程序运行时，若输入"1□2□3□4✓"，程序运行后的结果为_____。

6.
```
#include<stdio.h>
main()
{
    int a,b,c;
    char x,y;
    scanf("%2d%2c%3d%1c%d",&a,&x,&b,&y,&c);
    printf("%d,%c,%d,%c,%d",a,x,b,y,c);
}
```
程序运行时，若输入"12345678923✓"，程序运行后的结果为_____。

7.
```
#include<stdio.h>
main()
{
    int a=135;
    float b=13.5;
    char ch='*';
    printf("12345678901234567890\n");
    printf("%d,%4d,%-4d,%o,%x\n",a,a,a,a,a);
    printf("%f,%.2f,%3.3f\n",b,b,b);
    printf("%e,%E\n",b,b);
    printf("%c%3c\n",ch,ch);
}
```
程序运行后的结果为_____。

8.
```
#include<stdio.h>
main()
{
    int x,y,z;
    x=y=z=1;
    printf("x=%d,y=%d,z=%d\n",x,y,z);
    --x&&y&&--z;
    printf("x=%d,y=%d,z=%d\n",x,y,z);
    x=y=z=-1;
    x--&&y++||++z;
    printf("x=%d,y=%d,z=%d\n",x,y,z);
}
```

程序运行后的结果为_____。

二、程序填空题

9. 下列程序的功能是，从键盘上输入两个数，将它们交换并打印输出。请完善程序。

```
#include<stdio.h>
main()
{
    int a,b,temp;
    _____;
    printf("a=%d,b=%d\n",a,b);
    temp=a;
    _____;
    _____;
    printf("a=%d,b=%d\n",a,b);
}
```

10.（真题）阅读下列程序，请回答问题。

```
(1)#incude<stdio.h>
(2)main()
(3){
(4)    int a,b,sum;
(5)    scanf("%d,%d",&a,&b);
(6)    //运算求和
(7)    sum=a+b*2;
(8)    printf("%d",sum);
(9)}
```

在上述程序中，主函数的名称是_____；注释位于第_____行；上述程序第（7）行语句包含的表达式中，优先级最低的运算符是_____。程序运行时，若输入"2,3✓"，则输出的结果是_____。

三、编程题

11. 编写程序，从键盘输入圆的直径 d=6 米，圆柱的高 h=5 米，求出圆周长、圆面积和圆柱体积，输出计算结果，并对所计算的结果保留 3 位小数。

12. 编写程序，从键盘上输入一个十进制整数，再分别以八进制数、十六进制数输出。

13. 编写程序，从键盘上输入一个三位数，求它的逆序数。

14. 编写程序，从键盘上输入一个字母，如果是小写字母则转换成大写字母，如果是大写字母则转换成小写字母。

15. 编写程序，从键盘上输入一个整数，判断它是奇数还是偶数。

第 3 章

选择结构程序设计

考纲要求

- ★ 掌握 if 语句。
- ★ 理解 switch 语句如何实现多分支选择。
- ★ 理解选择结构的嵌套。
- ★ 运用选择结构的知识,解决一些实际问题。

3.1 if 语句

学习目标

1. 掌握 if 语句的一般格式。
2. 理解 if 语句的执行过程。
3. 会用 if 语句设计基本程序。

内容提要

3.1.1 if 语句

if 语句是选择结构的一种形式，它根据给定的条件进行判断，并执行相应的操作。

3.1.2 if 语句的形式

1. 不含 else 的 if 语句

（1）一般格式。

```
if(表达式)
    语句
```

表达式一般为**关系表达式**或**逻辑表达式**，但也可以是其他任意合法的表达式。

（2）执行过程。

先计算表达式的值，如果表达式的值为真（非 0 为真），则执行语句；否则直接退出 if 语句，继续执行 if 语句后面的语句。执行过程如图 3-1-1 所示。

注意 表达式后不能加分号，否则表达式的值为真时，将执行空语句。

2. if…else 语句

（1）一般格式。

```
if(表达式)
    语句A
else
    语句B
```

（2）执行过程。

先计算表达式的值，如果为真，则执行语句 A，否则执行语句 B。该格式中的语句 A 和语句 B 有且仅有一条语句会被执行。执行过程如图 3-1-2 所示。

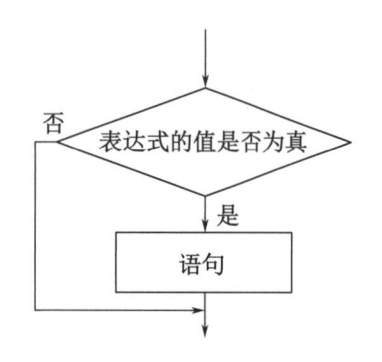

图 3-1-1　不含 else 的 if 语句的执行过程 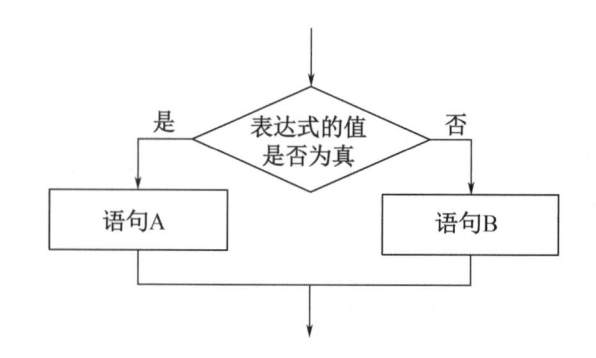　　　　图 3-1-2　if…else 语句的执行过程

3．if…else if…else 语句

（1）一般格式。

```
if(表达式1)
    语句1
else if(表达式2)
    语句2
……
else if(表达式n)
    语句n
else
    语句n+1
```

（2）执行过程。

先计算表达式 1 的值，若为真，则执行语句 1；否则计算表达式 2 的值，若为真，则执行语句 2；否则计算表达式 3 的值，若为真，则执行语句 3……否则计算表达式 n 的值，若为真，则执行语句 n；否则执行语句 $n+1$。执行过程如图 3-1-3 所示。

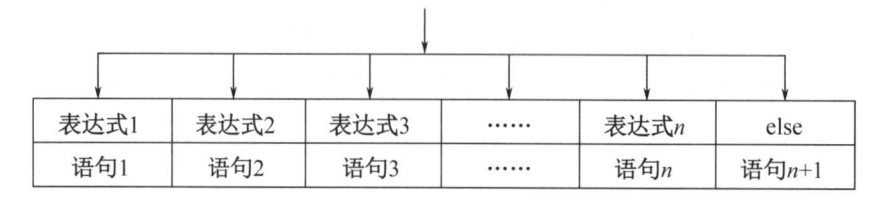

表达式1	表达式2	表达式3	……	表达式n	else
语句1	语句2	语句3	……	语句n	语句$n+1$

图 3-1-3　if…else if…else 语句的执行过程

注意 该格式中的语句 1 到语句 $n+1$ 有且仅有一条语句会得到执行。

例题解析

【例 3-1-1】 在 C 语言中，if 语句用作判断的表达式（　　）。

A．必须是逻辑表达式　　　　　　　B．必须是关系表达式
C．必须是算术表达式　　　　　　　D．可以是任意合法的表达式

解题分析 本题主要考查 if 语句的一般格式及其理解。在 C 语言中，对于 if 语句用作判断的表达式可以是关系表达式、逻辑表达式，也可以是算术表达式等。

答案 D

【例 3-1-2】 若给定表达式(k)?a++:--a,下列与其表达式k等价的是（　　）。

A. k==0　　　　B. k==1　　　　C. k!=0　　　　D. k!=1

解题分析 若k不等于0,则k和k!=0均为真；若k等于0,则k和k!=0均为假。因此k和k!=0等价。

答案 C

【例 3-1-3】 下列满足当k的值为奇数时,值为真的表达式是（　　）。

A. k%2==0　　　B. (k/2*2-k)!=0　　　C. !(k%2)　　　D. !k%2!=0

解题分析 当k的值为奇数时,k%2==0为假,故选项A是错的。选项B中,当k为奇数时,k/2*2-k的值不等于0,因此选项B是正确的。选项C中,当k为奇数时,k%2等于1,!1为假,即!(k%2)为假,故选项C是错的。选项D中,运算符!的优先级最高,其次是%,最低是!=。当k为奇数时,k为真,!k为假（值为0）,0!=0为假,因此选项D也是错的。

答案 B

【例 3-1-4】 编写程序,实现从键盘输入两个整数,输出这两个数中的大数。

解题分析 定义两个变量a、b分别存放两个整数,定义变量max存放最大数。比较a、b的值,如果a>=b,则max=a,否则max=b。这样,max为两个数中的最大数,因此输出max就是输出两个数中的最大数。

答案

```
#include<stdio.h>
main()
{   int a,b,max;
    printf("Input a,b:");
    if(a>=b)
        max=a;
    else
        max=b;
    printf("两个数中的最大数为%d\n",max);
}
```

巩固练习

一、程序阅读题

1.
```
#include<stdio.h>
main()
{
    int a=0,b=-1,c=2;
    if(a)
    {
        if(b<0)
            c=0;
```

```
    }
    else
        c++;
    printf("%d",c);
}
```
程序运行后的结果为_____。

2.
```
#include<stdio.h>
main()
{
    int a,b=1;
    scanf("%d",&a);
    if(a>1)
        if(a>3)
            b=b+2;
        else
            b=b+1;
    else
        b=1;
    printf("%d",b);
}
```
程序运行时分别输入"1✓"和"2✓",程序运行后的结果为_____。

3.
```
#include<stdio.h>
main()
{
    float a,b;
    scanf("%f",&a);
    if(a<0)
        b=0;
    else if(a<0.5)
        b=1.0/(a+2.0);
    else if(a<10.0)
        b=1.0/a;
    else
        b=10.0;
    printf("b=%f\n",b);
}
```
程序运行时输入"5✓",程序运行后的结果为_____。

4.
```
#include<stdio.h>
main()
{
    int a=5;
    if(a++>=5)
        printf("a=%d\n",++a);
```

```
    else
        printf("a=%d\n",--a);
}
```
程序运行后的结果为_____。

5.
```
#include<stdio.h>
main()
{
    int x=8;
    if(x=5)
        printf("x=%4d",x);
    else if(x>5)
        printf("x=%4d",x-1);
    else
        printf("x=%4d",x-2);
}
```
程序运行后的结果为_____。

二、编程题

6. 某游泳馆全年按季度实施打折策略，第一季度打六折，第二季度打八折，第三季度不打折，第四季度打八折。编写程序，输入月份，计算当时的门票（原价为 80 元/人）。

7. 每年暑假都是旅行旺季，为了更好地吸引旅客，某旅行社推出欧洲十日游组团优惠方案，优惠方案如表 3-1-1 所示。

表 3-1-1 优惠方案

组团人数	原价：元/人	优惠政策
2～9 人	12800	九五折
10～19 人		九折
20 人以上		八八折

某公司市场部为了感谢员工上半年创造的效益，打算组织本部门员工参加欧洲十日游。假定部门员工为 n 人，计算总费用，请编写程序实现。

8. 从键盘上输入 3 个整数，按从小到大的顺序输出这 3 个整数。

3.2 switch 语句

学习目标

1. 掌握 switch 语句的一般格式。
2. 理解 switch 语句的执行过程。
3. 理解 break 语句在 switch 语句中的作用。

4. 运用 switch 语句设计多分支结构程序。

内容提要

if 语句在处理两个或多个分支时需使用 if…else if 结构，如果分支越多，则嵌套的 if 语句层数就越多，使程序不但庞大而且理解起来也比较困难。因此，C 语言又提供了一个专门用于处理多分支结构的选择语句，称为 switch 语句，又称开关语句。使用 switch 语句可直接处理多个分支。

1. switch 语句的一般格式

```
switch(表达式)
{
    case 常量表达式1:语句1
    case 常量表达式2:语句2
    ……
    case 常量表达式n:语句n
    default:语句n+1
}
```

2. switch 语句的执行过程

（1）先求出"表达式"的值。

（2）将"表达式"的值依次与 case 标号后的常量表达式的值相比较，当"表达式"的值与某个常量表达式的值相等时，不再进行判断，即执行 case 标号后的所有语句。

（3）如"表达式"的值与所有 case 标号后的常量表达式的值均不相同时，则执行 default 标号后的语句。如果没有 default 标号，则什么也不执行。执行过程如图 3-2-1 所示。

3. break 语句

break 语句的含义：在 switch 语句中，当程序执行到 break 语句时，要跳出 switch 语句，执行 switch 语句后面的语句。

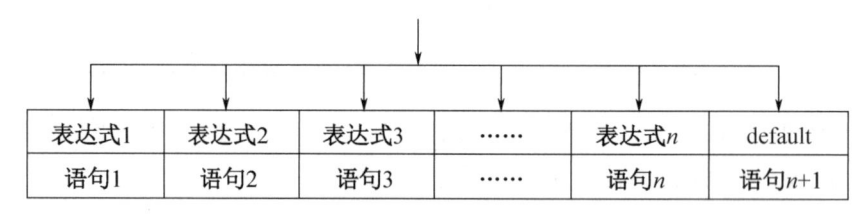

表达式1	表达式2	表达式3	……	表达式n	default
语句1	语句2	语句3	……	语句n	语句n+1

图 3-2-1　switch 语句的执行过程

4. switch 语句的注意事项

（1）case 标号后面的表达式只能是常量表达式，其值也只能是整型或字符型，并且各个 case 分支的常量表达式的值应各不相同，否则会出现错误。

（2）case 标号后的常量表达式只起语句标号的作用，并不在此处做判断。

（3）在一个 case 标号后，允许有多个语句，可以不用{}括起来，多个 case 也可共用一条语句。

（4）各 case 和 default 子句的先后顺序可以变动，而不会影响程序的执行结果。

（5）default 子句可以省略不用。

（6）当 case 标号后有 break 语句时，则执行完该 case 后的语句后跳出 switch 语句并结束分支结构。

例题解析

【例 3-2-1】 在下列程序运行时输入 C，写出程序运行后的结果。

```c
#include<stdio.h>
main()
{   char grade;
    grade='C';
    switch(grade)
    {
        case 'A':
        case 'B':
        case 'C':
        case 'D':printf("及格\n");break;
        case 'E':printf("不及格!\n");
    }
}
```

解题分析 本题考查多个 case 标号共用一组语句的情况。题中 case 'A': case 'B': case 'C':case 'D':共用一组语句，即只要输入的是 A、B、C、D 中的任何一个都输出及格。

答案 及格

【例 3-2-2】 写出下列程序运行后的结果。

```c
#include<stdio.h>
main()
{
    int x=1,y=0,a=10,b=10;
    switch(x)
    {
        case 1: switch(y)
        {
            case 0:a--;break;
            case 1:b--;break;
        }
        case 2:a--;b--;break;
    }
    printf("a=%d,b=%d\n",a,b);
}
```

解题分析 本题是一个嵌套的 switch 语句的结构，执行 switch 语句时，先计算表达式的值，然后执行与常量匹配的语句，若未执行 break 语句，则继续执行下面的语句。本题外层的 switch(x)语句中"case 1:"无 break 语句，执行相应语句后继续执行"case 2:"后面的语句。内层的 switch(y)语句中，由于 y 的值为 0，则在执行"case 0:"后面的语句后，跳出内层的 switch 语句。经过上述分析，本题的答案就不难得出了。

答案 a=8,b=9

【例3-2-3】 假定星期一工作8小时，星期二工作7小时，星期三工作5小时，星期四工作7小时，星期五工作6小时，要求输入 day 的值时，统计出本周一至 day 已工作的总时长。若是星期六（day 为 6）和星期天（day 为 7），则输出"今天是休息日。"。

解题分析 本题可以采用 switch 语句编写程序，在编写程序时，采用无 break 语句，实现累加功能。另外，要想实现题目功能，case 标号的顺序应按从周五到周一排列。

答案

```c
#include<stdio.h>
main()
{   int day,hours=0;
    printf("请输入星期几:\n");
    scanf("%d",&day);
    switch(day)
    {
        case 5:hours+=6;
        case 4:hours+=7;
        case 3:hours+=5;
        case 2:hours+=7;
        case 1:hours+=8;
        printf("今天是工作日，本周累计工作时数为%d小时。\n",hours);break;
        case 7:
        case 6:printf("今天是休息日。\n");
    }
}
```

巩固练习

一、程序阅读题

1.
```c
#include<stdio.h>
main()
{   int a;
    printf("请输入一个整数:");
    scanf("%d",&a);
    switch(a)
    {
        default:printf("出错啦!");
        case 1:printf("今天是星期一");break;
        case 2:printf("今天是星期二");break;
        case 3:printf("今天是星期三");break;
        case 4:printf("今天是星期四");break;
        case 5:printf("今天是星期五");break;
        case 6:printf("今天是星期六");break;
        case 7:printf("今天是星期日");break;
```

       }
   }
程序运行时,输入"5↙",程序运行后的结果为_____。

2.
```
#include<stdio.h>
main()
{
    float x,y;
    char o;
    double r;
    scanf("%f%f%c",&x,&y,&o);
    switch(o)
    {
        case '+':r=x+y;break;
        case '-':r=x-y;break;
        case '*':r=x*y;break;
        case '/':r=x/y;break;
    }
    printf("%.1f%c%.1f=%.1f\n",x,o,y,r);
}
```
程序运行时,输入"3□5/↙",程序运行后的结果为_____。

3.
```
#include<stdio.h>
main()
{   char c='2';
    int k=1;
    switch(c+1-'0')
    {
        case 2:k+=1;
        case 2+1:k+=2;
        case 4:k+=3;
    }
    printf("k=%d\n",k);
}
```
程序运行后的结果为_____。

4.
```
#include<stdio.h>
main()
{
    char c;
    int k=2;
    scanf("%c",&c);
    switch(c-'A')
    {
        case 0:k++;
        case 1:k+=2; break;
```

```
            default:k*=k;
            case 4:k*=3;
    }
    printf("k=%d",k);
}
```

程序运行时，当分别输入"A✓""B✓""C✓""E✓"时，k的值为_____。

5.
```
#include<stdio.h>
main()
{
    char ch;
    scanf("%c",&ch);
    switch(ch)
    {
        case 'y':
        case 'Y': printf("this is 'Y' or 'y'.\n"); break;
        case 'n':
        case 'N':printf("this is 'N' or 'n'.\n");break;
        default: printf("this is other char.\n");
    }
}
```

程序运行时，分别输入"y✓"和"N✓"，程序运行后的结果为_____。

二、编程题

6. 编写程序，对于给定的成绩等级，输出其相应的得分范围。设90分以上为A，80～89为B，70～79为C，60～69为D，60以下为E（要求用switch语句编程）。

7. 有一个函数：

$$y = \begin{cases} -1 & (x < 0) \\ 0 & (x = 0) \\ 1 & (x > 0) \end{cases}$$

用switch语句编程，要求输入x的值，输出y的值。

8. 用switch语句编程。

从键盘输入如下形式的表达式：

操作数1(data1)运算符(op)操作数2(data2)

计算并输出表达式的值。运算符为加、减、乘、除、模除（+、-、*、/、%），操作数的数据类型为整型。

9. 编写程序实现：输入一个日期（含年、月、日），判断这一天是这一年的第几天？

3.3 分支语句嵌套

学习目标
1. 掌握 if 语句的嵌套形式。
2. 掌握 switch 语句的嵌套形式。

内容提要

3.3.1 if 语句的嵌套

1. if 语句的嵌套形式

（1）在 if 中**嵌套**，其语法结构如下。

```
if(表达式1)
    if(表达式2)
        语句1
    else
        语句2
else
    语句3
```

（2）在 else 中嵌套，其语法结构如下。

```
if(表达式1)
    语句1
else
    if(表达式2)
        语句2
    else
        语句3
```

（3）在 if 和 else 中同时嵌套，其语法结构如下。

```
if(表达式1)
    if(表达式2)
        语句1
    else
        语句2
else
    if(表达式3)
        语句3
    else
        语句4
```

2. if 语句嵌套的注意事项

（1）else 总是与它上面最近的未配对的 if 配对。
（2）如果需要在指定位置实现嵌套，可以加花括号来确定配对关系。

3.3.2 switch 语句的嵌套

1. switch 语句的嵌套形式

其嵌套的形式如下。

```
switch(表达式1)
{
    case 常量表达式1:switch(表达式2)
    {
        case 常量表达式2:语句1
        case 常量表达式3:语句2
        ……
        case 常量表达式n-1:语句n-1
    }
    case 常量表达式n:语句n
    default:语句n+1
}
```

2. switch 语句嵌套的注意事项

执行 switch 语句嵌套时,如果内部嵌套的 switch 语句中有 break 语句,则跳出内部 switch 语句,不跳出外部 switch 语句。

例题解析

【例 3-3-1】 为避免嵌套的 if…else 语句的二义性,C 语言规定 else 总是和(　　)组成配对关系。

　　A. 缩排位置相同的 if 　　　　　　B. 在其之前未配对的 if
　　C. 在其之前未配对的最近的 if 　　D. 同一行上的 if

解题分析 本题主要考查嵌套的 if 语句中的 else 的配对关系。C 语言中规定:else 总是和它最近的尚未配对的 if 配对。

答案 C

【例 3-3-2】 写出下列程序的运行结果。

```
#include<stdio.h>
main()
{
    int x=1,y=0;
    switch(x)
    { case 1:
        switch(y)
        { case 0:printf("**A**\n");break;
            case 1:printf("**B**\n");
        }
        case 2:printf("**C**\n");
    }
}
```

解题分析 本题考查 switch 语句的嵌套。先计算 x 的值，找到其入口 case 1，但 case 1 后面的语句又嵌套了一个 switch 语句，于是接着计算 y 的值，找到其入口 case 0，执行其后的语句，输出**A**，由于遇到 break 语句，所以需跳出 switch(y)分支，执行其后面的语句 "case 2:printf("**C**\n");"，输出**C**。

答案 **A**
　　　C

【例 3-3-3】　编写一个菜单控制程序，根据输入的选择项，程序完成不同的功能。假设菜单的形式如下：

L（l）——装入文件
M（m）——修改文件
S（s）——保存文件
X（x）——退出
——请输入一个选项（L、M、S 或 X），显示相应的信息。

解题分析 从键盘输入选项，可选字符为字母字符，因此，一般需要处理字母字符的大小写。另外，选项较多，采用 switch 语句判断输入选项可使程序结构清晰，并且利用 switch 语句的特点可以方便地处理大小写字母。

答案
```
#include<stdio.h>
main()
{
    char key;
    printf("L——装入文件\n");
    printf("M——修改文件\n");
    printf("S——保存文件\n");
    printf("X——退出\n");
    printf("——请输入一个选项（L, M, S或X）:\n");
    key=getchar();
    switch(key)
    {   case 'L': case 'l':
            printf("您选择了装入文件选项。\n");break;
        case 'M': case 'm':
            printf("您选择了修改文件选项。\n");break;
        case 'S': case 's':
            printf("您选择了保存文件选项。\n");break;
        case 'X': case 'x':
            printf("您选择了退出选项。\n");break;
        default: printf("数据错误。\n");break;
    }
}
```

巩固练习

一、选择题

1. 下列程序运行后的结果是（　　）。

```c
#include<stdio.h>
main()
{   int x=2,y=-1,z=2;
    if(x<y)
        if(y<0)
            z=0;
        else
            z+=1;
    printf("%d\n",z);
}
```

A. 3　　　　　　B. 2　　　　　　C. 1　　　　　　D. 0

2. 当 a=1、b=3、c=5、d=4 时，执行完下面一段程序后 x 的值是（　　）。

```c
if(a<b)
    if(c<d)
        x=1;
    else
        if(a<c)
            if(b<d) x=2;
            else x=3;
        else x=6;
else x=7;
```

A. 1　　　　　　B. 2　　　　　　C. 3　　　　　　D. 6

二、程序阅读题

3.
```c
#include<stdio.h>
main()
{
    int x=1,y=1;
    switch(x)
    {   case 1:
        switch(y)
        {   case 0:printf("**A**\n");break;
            case 1:printf("**B**\n");
        }break;
        case 2:printf("**C**\n");
    }
}
```

程序运行后的结果为_____。

4.
```c
#include<stdio.h>
main()
{
    int a=2,b=-1,c=2;
    if(a>b)
        if(b>0)  c=0;
        else c+=1;
    printf("%d\n",c);
}
```
程序运行后的结果为_____。

5.
```c
#include<stdio.h>
main()
{
    int a=2,b=7,c=5;
    switch(a>0)
    { case 1:switch(b<0)
        {   case 1:printf("@");break;
            case 2:printf("!");break;
        }
        case 0:switch(c==5)
        {   case 0:printf("*");break;
            case 1:printf("#");break;
            default:printf("#");break;
        }
        default:printf("&");
    }
    printf("\n");
}
```
程序运行后的结果为_____。

6.
```c
#include<stdio.h>
main()
{
    int x=1,y=0,a=0,b=0;
    switch(x)
    {
        case 1:
        switch(y)
        {
            case 0:a++;break;
            case 1:b++;break;
        }
        case 2:a++;b++;break;
    }
```

```
    printf("a=%d,b=%d\n",a,b);
}
```
程序运行后的结果为_____。

7. (真题)
```
#include<stdio.h>
main()
{
    double d,pay=400.0,dis_pay;
    int dis_time,time=19;
    dis_time=time/2;
    switch(dis_time)
    {
        case 4:
        case 5:d=0.8;break;
        case 6:
        case 7:d=0.6;break;
        case 8:d=0.4;break;
        case 9:d=0.2;break;
        case 10:d=0.1;break;
        default:d=1.0;
    }
    dis_pay=pay*d;
    printf("SELL OFF!\n");
    printf("Price:%6.1f\n",pay);
    printf("discount:%3.1f\n",d);
    printf("%d:00 discount:%6.1f\n",time,dis_pay);
}
```
程序运行后的结果为_____。

三、程序填空题

8. 某自动加油站有'a'、'b'和'c'三种汽油，单价分别为7.50、7.35、7.18（元/升），也提供了"他人加""协助加""自己加"三种服务类型，其中，用户采用"协助加"和"自己加"可以得到5%或10%的优惠。本程序的功能是，针对用户输入的加油量a，汽油品种b和服务类型c('o'-他人，'e'-协助，'m'-自己)，输出应付款m。请完善以下程序。

```
#include<stdio.h>
main()
{
    float a,r1,r2,m;
    char b,c;
    scanf("%f%c%c",&a,&b,&c);
    switch(b)
    {
        case 'a':r1=7.5;break;
        case 'b':_____;break;
        case 'c':r1=7.18;break;
    }
```

```
switch(c)
{
    case 'o':r2=0;break;
    case 'e':r2=0.05;break;
    case _____:r2=0.1;break;
}
m=_____;
printf("%.2f",m);
}
```

9. 下列程序的功能是，根据分段函数，输入 x 的值，计算并输出 y 的值。请完善程序。

$$y = \begin{cases} x+63 & （x能同时被7和9整除） \\ 7x & （x不能被7整除） \\ x & （其他） \end{cases}$$

```
#include<stdio.h>
main()
{
    int x,y;
    printf("请输入一个数x:");
    scanf("%d",&x);
    y=_____;
    if(x%7==0)
    {
        if(_____)
        y=x+63;
    }
    else
        y=_____;
    printf("x=%d,y=%d\n",x,y);
}
```

四、编程题

10. 某书店开展购书赠券活动，规则如下：购书未满 200 元，赠送购书券 5 元；购书满 200 元但未满 500 元，赠送购书券的金额为消费金额的 5%；购书满 500 元但未满 1000 元，赠送购书券的金额为消费金额的 10%；购书满 1000 元及以上，赠送购书券的金额为消费金额的 15%。现需要为服务台的工作人员编写一个程序，计算每次发放购书券的金额。

假设 m 表示购书金额，p 表示需要发放的购书券的金额，购书赠券情况如表 3-3-1 所示。请用嵌套语句完成程序编写。

表 3-3-1 购书赠券情况

类别	消费金额范围	购书券金额计算
情况 1	$m<200$	$p=5$
情况 2	$500>m\geq200$	$p=m*5\%$
情况 3	$1000>m\geq500$	$p=m*10\%$
情况 4	$m\geq1000$	$p=m*15\%$

3.4 分支结构程序设计应用

学习目标

1. 进一步掌握 if 语句、switch 语句和分支结构的嵌套。
2. 能够运用所学的分支结构知识，解决一些实际问题。

内容提要

if 语句和 switch 语句都属于分支结构。分支结构的特点是语句由两条或多条分支构成，但在程序运行过程中，最多只有其中一条分支的语句被执行，其他分支上的语句则被跳过。

switch 语句通常用于多分支选择，根据表达式的值来选择执行哪个分支语句。break 语句则可控制程序跳出 switch 结构。

C 语言中的逻辑值"真""假"，其实质是一个数值型数据。其非 0 为"真"，如果为 0，则为"假"。为了具体关系运算和逻辑运算的结果，C 语言规定用 1 表示"真"，用"0"表示假。

例题解析

【例 3-4-1】 编写程序求一元二次方程 $ax^2+bx+c=0$ 的根。如果方程无实根，则输出"方程无实数根"。系数 a、b、c 由键盘输入。

解题分析 根据数学知识可知，$\Delta=b^2-4ac$，当 $\Delta>0$ 时，方程有两个不相等的实根；当 $\Delta=0$ 时，方程有两个相等的实根；当 $\Delta<0$ 时，方程无实根。因此，可以利用多分支 if…else if…else 语句，分 3 种情况来求解方程的根。在 C 语言中，Δ 为非法字符，可用 delta 表示。

答案

```
#include<stdio.h>
#include<math.h>
main()
{
    int a,b,c,delta;
    float x1,x2;
    printf("Input a,b,c:");
    scanf("%d%d%d",&a,&b,&c);
    delta=b*b-4*a*c;
    if(delta>0)
    {
        x1=(-b+sqrt(delta))/(2*a);
        x2=(-b-sqrt(delta))/(2*a);
        printf("x1=%f,x2=%f\n",x1,x2);
    }
    else if(delta==0)
    {
```

```
        x1=x2=-b/(2*a);
        printf("x1=x2=%f\n",x1);
    }
    else
        printf("方程无实数根。\n");
}
```

【例 3-4-2】 由半径为 1 的圆和半径为 2 的圆所构成的圆环，如图 3-4-1 所示。编写程序，输入一个点坐标(x,y)的值，若该点在圆环内（含圆环上），则输出 IN，否则输出 OUT。

解题分析 根据题意，若 $1 \leqslant x^2+y^2 \leqslant 4$，则在圆环内（含圆环上），否则在圆环外。因此，此题实际上是求表达式 "(x*x+y*y>=1)&&(x*x+y*y<=4)" 的逻辑值。在 C 语言中，逻辑值"真"用 1 表示，"假"用 0 表示，它们可以看成是整型值。因此，只需将这个表达式的值赋给一个整型变量，然后输出这个变量的值即可。

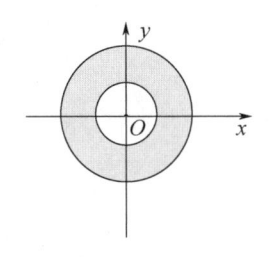

图 3-4-1　圆环

答案

```
#include<stdio.h>
main()
{   int flag;
    float x,y,z;
    printf("Input x,y:");
    scanf("%f%f",&x,&y);
    z=x*x+y*y;
    flag=(z>=1)&&(z<=4);
    if(flag==1)
        printf("IN\n",);
    else
        printf("OUT\n",);
}
```

【例 3-4-3】 编写程序，从键盘输入一个小于 1000 的正整数，要求：

（1）求出它是几位数。

（2）分别输出该数的每一位数字。

（3）输出该数的逆序数（如原数为 135，输出为 531）。

解题分析 根据题意，输入的数最大是一个 3 位数 $n=n_2n_1n_0$，则 $n=n_2 \times 100+n_1 \times 10+n_0$。本题的关键是求出各位数字 n_2、n_1 和 n_0。如果 n_2 不等于 0，则表示该数为 3 位数；如果 n_2 等于 0，n_1 不等于 0，则表示该数为 2 位数；如果 n_1 等于 0，n_0 不等于 0，则表示该数为 1 位数。最后输出该数的逆序数 rn。

答案

```
#include<stdio.h>
main()
{   int n,n2,n1,n0,digit,rn;
    printf("请输入一个小于1000的正整数n:");
    scanf("%d",&n);
    n2=n/100;
    n1=n%100/10;
    n0=n%10;
    digit=3;
    if(n2==0)
    {
        digit=2;
        if(n1==0)
            digit=1;
    }
    printf("\n%d是%d位数。\n",n,digit);
    printf("该数的每位数字分别是: ");
    switch(digit)
    {
        case 3:printf("%d,%d,%d\n",n2,n1,n0);
        rn=n0*100+n1*10+n2;break;
        case 2:printf("%d,%d\n", n1,n0);
        rn=n0*10+n1;break;
        case 1:printf("%d\n",n0);
        rn=n0;
    }
    printf("\n该数的逆序数为:%d\n",rn);
}
```

【例3-4-4】 编写程序,从键盘输入3个整数,按从小到大输出这3个数。

解题分析 将输入的3个数分别存放在变量x、y、z中,只要将这3个数中的最小数存放在变量x中,中间数存放在变量y中,最大数存放在变量z中,最后输出x、y、z就能实现将这3个数从小到大排列。

具体操作过程是,先比较x和y,如果x>y,则交换x和y的值;然后再比较y和z,如果y>z,则交换y和z的值;再一次比较x和y,如果x>y,则交换x和y的值;最后输出x、y、z就能实现将这3个数从小到大排列。

答案

```
#include<stdio.h>
main()
{
    int x,y,z,t;
    printf("Input x,y,z:");
    scanf("%d%d%d",&x,&y,&z);
```

```
        if(x>y)
        {
            t=x;x=y;y=t;
        }
        if(y>z)
        {
            t=y;y=z;z=t;
        }
        if(x>y)
        {
            t=x;x=y;y=t;
        }
        printf("%d,%d,%d\n",x,y,z);
}
```

巩固练习

一、程序阅读题

1.

```
#include<stdio.h>
main()
{
    int a=5,b=105,c=15;
    printf("a=%d,b=%d,c=%d\n",a,b,c);
    if(a>b)
        c=a;
    a=b;
    b=c;
    printf("a=%d,b=%d,c=%d\n",a,b,c);
}
```

程序运行后的结果为_____。

2.

```
#include<stdio.h>
main()
{
    int x=1,y=3,z=5;
    if(x==1&&y++==3)
        if(y!=3||z--!=5)
            printf("%d,%d,%d\n",x,y,z);
        else
            printf("%d,%d,%d\n",x,y,z);
    else
        printf("%d,%d,%d\n",x,y,z);
}
```

程序运行后的结果为_____。

3.
```c
#include<stdio.h>
main()
{
    int a=1,b=3,c=5;
    switch(a>0)
    {
        case 1:switch(b<0)
        {
            case 1:printf("@");break;
            case 0:printf("!");break;
        }
        case 0:switch(c==5)
        {
            case 1:printf ("%");break;
            case 2:printf ("&");break;
            default:printf("#");break;
        }
        default:printf("&");
    }
    printf("\n");
}
```
程序运行后的结果为_____。

4.
```c
#include<stdio.h>
main()
{   int a=2;
    switch(a)
    {
        case 0:a++;
        case 1:a=a%2;break;
        case 3:a=a+3;
        case 4:switch(a/2)
        {
            case 1:a++;
            case 3:
            case 5:a=a+3;break;
            case 7:a*=2;
        }
        default:a=a%2;a=a+3;
    }
    printf("a=%d\n",++a);
}
```
程序运行后的结果为_____。

5.
```c
#include<stdio.h>
```

```
main()
{
    int x=9,y=11,n=0;
    switch(x%3)
    {
        case 0:n++;break;
        case 1:n++;switch(y/2)
        {
            default:n++;
            case 0:n++;;break;
        }
    }
    printf("n=%d\n",++n);
}
```

程序运行后的结果为_____。

二、程序填空题

6. 下列程序的功能：输入一个字符，判断该字符是数字、字母还是其他字符。请完成程序。

```
#include<stdio.h>
main()
{
    char ch;
    ch=_____;
    if(ch>='0'&&ch<='9')
            printf("%c是数字。\n",ch);
    else if(_____)
            printf("%c是字母。\n",ch);
    _____
            printf("%c是其他字符。\n",ch);
}
```

7. 下列程序的功能：输入某年某月某日，判断这一天是一年中的第几天。请完成程序。

```
#include<stdio.h>
main()
{
    int dd,mm,yy,days,f;
    printf("请输入年月日：");
    scanf("%d%d%d",&yy,&mm,&dd);
    switch(_____)
    {   case 1:days=0;break;
        case 2:days=31;break;
        case 3:days=59;break;
        case 4:days=90;break;
        case 5:days=120;break;
        case 6:days=151;break;
        case 7:days=181;break;
        case 8:days=212;break;
        case 9:days=243;break;
        case 10:days=273;break;
        case 11:days=304;break;
```

```
            case 12:days=334;break;
            default:printf("data error!");break;
    }
    _____;
    if(yy%400==0||yy%4==0&&yy%100!=0)
        f=1;
    else
        f=0;
    if(_____)
        days++;
    printf("它是这一年中的第%d天。\n",days);
}
```

8. 下列程序的功能：找出 10~30 中（含两端值）能被 3、5 和 7 整除的数。请完成程序。

```
#include<stdio.h>
main()
{
    _____;
    for(i=10;i<=30;i++)
    {
        f=0;
        if(i%3==0)f=1;
        if(i%5==0)f+=2;
        if(i%7==0)_____;
        switch(f)
        {
            case 7:printf("%d能被3,5,7整除!\n",i);break;
            case 6:printf("%d能被5,7整除!\n",i);break;
            case 5:printf("%d能被3,7整除!\n",i);break;
            case 4:printf("%d能被7整除!\n",i);_____;
            case 3:printf("%d能被3,5整除!\n",i);break;
            case 2:printf("%d能被5整除!\n",i);break;
            case 1:printf("%d能被3整除!\n",i);break;
            _____:printf("%d不能被3,5,7整除!\n",i);
        }
    }
}
```

三、编程题

9. 编写程序，从键盘上输入一个点的坐标值（x,y），判断该点是否在如图 3-4-2 所示的矩形区域内（包含在边线上）。若在，输出 IN，否则输出 OUT。

10. 编写程序，实现风速判别功能，如表 3-4-1 所示。假设风速为整数。

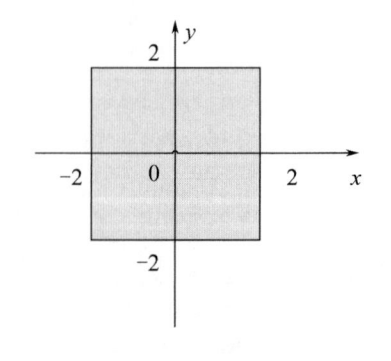

图 3-4-2　矩形区域

表 3-4-1　风速判别表

风速/（m/h）	类　别
低于 25	弱风
25～38	强风
39～54	大风
55～72	狂风
72 以上	飓风

11．编写程序，实现根据灯光的功率，得到灯光的期望亮度的功能。将标准灯光的期望亮度赋值给变量 lumens，灯光的功率存储在变量 watts 中，灯泡信息如表 3-4-2 所示。

表 3-4-2　灯泡信息表

功率/W	期望亮度/Lm	功率/W	期望亮度/Lm
15	125	60	880
25	215	75	1000
40	500	100	1675

如果功率值不在表内，就将变量 lumens 赋值为-1。

第 4 章

循环结构程序设计

考纲要求

★ 理解 while 和 do/while 循环结构。
★ 掌握 for 循环结构。
★ 掌握 continue 语句和 break 语句。
★ 理解循环的嵌套。
★ 掌握程序设计中几种常用算法的基本思想（如穷举法、递推法和文本作图等）。
★ 运用循环结构进行程序设计。

4.1 while 和 do/while 循环语句

学习目标

1. 理解循环结构和顺序结构及分支结构的区别。
2. 掌握 while 循环语句的一般格式及执行过程。
3. 掌握 do/while 循环语句的一般格式及执行过程。

内容提要

4.1.1 循环结构

1. 对循环结构的理解

之前我们已经学习了**顺序结构**和**选择结构**，但是仍然有很多问题仅仅用这两种结构还无法实现。比如我们遇到一种需要重复进行的操作，并且这种操作还有一定的规律，即当满足某种条件时重复操作，循环结构正是解决这类问题的。

循环结构的特点：在给定条件成立时，反复执行某一操作，直到条件不成立为止。

2. 循环结构的分类

C 语言提供了以下 3 种循环语句，可以组成各种不同形式的循环结构。

（1）while 循环语句。

（2）do/while 循环语句。

（3）for 循环语句。

注意 一般循环次数不明确，但循环条件（或终止条件）明确时，用 while 循环语句或 do/while 循环语句。当循环次数明确时，这 3 种循环结构都可以实现，而 for 循环在后期循环应用中更加广泛。

4.1.2 while 循环语句

1. while 循环语句的一般格式

其一般格式如下。

```
while(表达式)
    循环体
```

2. while 循环语句执行流程图

while 循环语句执行流程图如图 4-1-1 所示。

3. while 循环语句的执行过程

（1）计算"表达式"的值，并根据表达式的值决定流程。如果其值为非 0，转至步骤（2）；否则转至步骤（3）。

（2）执行循环体，然后转至步骤（1）。

（3）执行 while 循环语句的下一条语句。

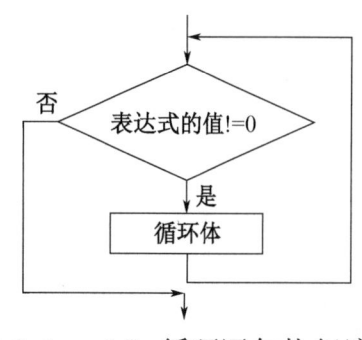

图 4-1-1　while 循环语句执行流程图

注意 循环体内一定要有一条改变"表达式"的值的语句,否则,会形成死循环。

4．while 循环语句的特点

先判断循环条件,再根据循环条件是否成立,决定是否执行循环体。有可能一次循环也不执行。

例如,输出小于或等于 3 的自然数。

```
#include<stdio.h>
main()
{   int i=1;
    while(i<=3)
    {   printf("%d\t",i);
        i++;
    }
}
```

循环结构一般包含以下三个要素。

（1）**循环变量**：参与循环并使循环趋于结束的变量,控制循环的次数。循环前,要给循环变量赋初值,如本例中的变量 i。

（2）**循环体语句**：满足条件时重复执行的循环语句,如本例中的"printf("%d\t",i);"和"i++;"两条语句。注意 while(表达式)判断语句范围只到其后的一条语句,当循环体语句多于一条语句时需要加花括号。对于 while()循环结构,循环体内一定要有一条改变循环变量的语句,如本例中的"i++;"。

（3）**循环控制条件**：判断循环是否继续执行的表达式,如本例中的"i<=3"。

程序运行结果如下。

1□□□□□□□□2□□□□□□□□3□□□□□□□□

4.1.3　do/while 循环语句

1．do/while 循环语句的一般格式

其一般格式如下。

```
do
    循环体
while(表达式);
```

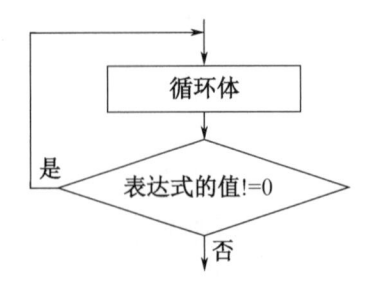

2．do/while 循环语句执行流程图

do/while 循环语句执行流程图,如图 4-1-2 所示。

图 4-1-2　do/while 循环语句执行流程图

3．do/while 循环语句的执行过程

（1）执行循环体。

（2）计算"表达式"的值。如果"表达式"的值为非 0（真），则转向步骤（1）继续执行；否则，转向步骤（3）。

（3）执行 do/while 循环的下一条语句。

4．do/while 循环语句的特点

先执行循环体，然后再判断循环条件。至少执行一次循环。

注意 循环体内一定要有一条改变"表达式"的值的语句，否则，会形成死循环。

例如，输出 8 以内的偶数。

```
#include<stdio.h>
main()
{   int i=0;
    do
    {
        printf("%d\t",i);
        i+=2;
    }while(i<8);
}
```

程序运行结果为：

2   4   6

例题解析

【例 4-1-1】 阅读下列程序并填空。

```
#include<stdio.h>
#include<math.h>
int main(void)
{
    int a,b,n1,n2,t;
    printf("请输入两个数:\n");
    scanf("%d,%d",&n1,&n2);
    if(n1<n2)
    {
        t=n1;
        _____①_____;
        n2=t;
    }
    a=n1;
    b=_____②_____;
    while(b!=0)
    {
        t=_____③_____;
        a=b;
```

```
        b=t;
    }
    printf("最大公约数是:%d\n",a);
    printf("最小公倍数是:%d\n",_____④_____);
    return 0;
}
```

解题分析 本题是利用辗转相除法求最大公约数，这也是常用的方法之一。求 n1、n2（n1>=n2）最大公约数的思路：语句"t=n1%n2; n1=n2; n2=t;"一直循环直到 t=0，此时最大公约数为 n1，最小公倍数为原两数（所以一般用另外2个变量如 a、b 代替 n1、n2 实现辗转相除法）之积除以最大公约数。

答案 ① n1=n2 ② n2 ③ a%b ④ n1*n2/a

拓展与变换 考虑还可以用什么方法求最大公约数和最小公倍数？

巩固练习

一、程序填空题

1. 下列程序的功能是，从键盘上输入一组整型数据，统计其中大于 0 的整数和小于 0 的整数的个数，分别用变量 x、y 表示，用整数 0 结束。请完善程序。

```
#include<stdio.h>
main()
{
    int n,x,y;
    x=y=0;
    printf("Input n:");
    scanf("%d",&n);
    while(_____)
    {
        if(n>0)
            _____;
        else if(n<0)
            _____;
        scanf("%d",&n);
    }
    printf("x=%d,y=%d\n",x,y);
}
```

二、程序阅读题

2.
```
#include<stdio.h>
main()
{
    int i=1,s=0;
    while(i<=10)
```

```
    {
        s+=i;
        i++;
    }
    printf("i=%d,s=%d\n",i,s);
}
```

程序运行后的结果为_____。

3.

程序（1）

```
#include<stdio.h>
main()
{
    int i=4,a=1;
    while(i<=3)
    {
        printf("a=%d,i=%d\n",a,i);
        a+=2*i;
        i+=3;
    }
    printf("a=%d,i=%d\n",a,i);
}
```

程序（2）

```
#include<stdio.h>
main()
{
    int i=4,a=1;
    do
    {
        printf("a=%d,i=%d\n",a,i);
        a+=2*i;
        i+=3;
    }while(i<=3);
    printf("a=%d,i=%d\n",a,i);
}
```

比较两个程序的运行结果，分析原因。

三、编程题

4．编写程序，求 $1+2+3+\cdots+n$（n 的值由键盘输入）的和。

5．编写程序，求 $s=1\times2\times3\times\cdots\times10$ 的值。

6．编写程序，求[5，55]范围内能被 2 整除的数，以每行 5 个数输出，并统计它们的和。

7．编写程序，求 100 到 200 能同时被 3 和 5 整除的数，并统计个数。

8．编写程序，求 $s=1/2+1/3+\cdots+1/10$ 的和。

9．编写程序，求 $s=1-1/3+1/5-1/7+1/9-1/10$ 的值。

10．编写程序，输入一行字符，分别统计其中的英文字母、数字和其他字符的个数。

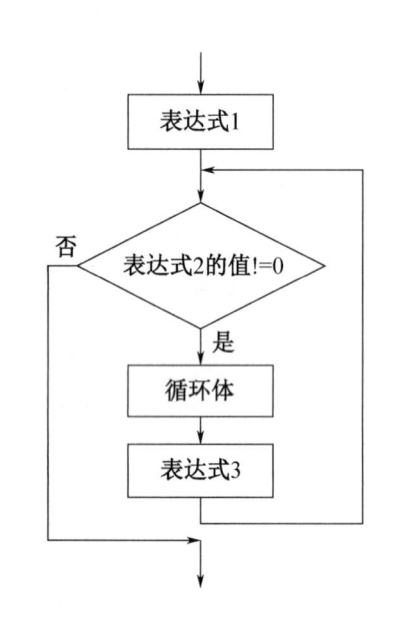

4.2 for 循环语句

学习目标

1. 理解 for 循环语句与 while、do/while 循环语句的异同。
2. 掌握 for 循环语句的格式。
3. 理解 for 循环语句的执行过程。

内容提要

1. for 循环语句的一般格式

其一般格式如下。

```
for(表达式1;表达式2;表达式3)
    循环体
```

说明如下。

表达式 1：循环变量赋初值。

表达式 2：循环控制条件。

表达式 3：循环变量变化值。

2. for 循环语句执行流程图

for 循环语句执行流程图，如图 4-2-1 所示。

3. for 循环语句的执行过程

（1）计算"表达式 1"的值。

（2）计算"表达式 2"的值，并根据表达式 2 的值决定流程，如果其值非 0，执行步骤（3），否则转至步骤（4）。

（3）先执行循环体，并求解"表达式 3"，然后转向步骤（2）。

（4）执行 for 语句的下一条语句。

4. for 循环语句的特点

图 4-2-1 for 循环语句执行流程图

先判断循环条件，再根据循环条件是否成立，决定是否执行循环体。

注意 有可能一次循环也不执行。

例如，输出小于 3 的自然数。

```
#include<stdio.h>
main()
{
    int i;
    for(i=0;i<=3;i++)
        printf("%d\t",i);
}
```

5. for 循环语句与 while、do/while 循环语句的异同

for 循环语句与 while、do/while 循环语句并没有太大的区别，不同之处在于：① 循环变量赋初值时，for 循环语句由表达式 1 完成，而其他两种需要在循环体外预先赋初值；② 循环变量增值变化时，for 循环语句由表达式 3 完成，而其他两种需要在循环体内增加变化语句。

拓展与变换 for 循环语句的三个表达式是否可以省略？

例题解析

【例 4-2-1】 用 for 循环语句求 100～200 中能同时被 3 和 5 整除的数。

解题分析 通过分析 for 循环语句的结构特点，只要分别找出三个表达式，即可实现 for 循环。通过分析，循环变量初值从 100 开始（表达式 1：i=100），循环条件到 200 结束（表达式 2：i<=200），循环变量每次增值为 1（表达式 3：i++），循环体语句为判断该数是否能同时被 3 和 5 整除。

答案

```
#include<stdio.h>
main()
{
    int i;
    for(i=100;i<=200;i++)
        if(i%3==0&&i%5==0)
            printf("%d\n",i);
}
```

拓展与变换 如果要统计一共有多少个数满足条件，那么程序应如何修改？

【例 4-2-2】 编程求 $s=1+1/2+1/3+1/5+1/8+1/13+1/21$ 的值。

解题分析 通过分析可以发现这些分式有一个共同的特点，分子都为 1，且从第三个分数开始，每个分数的分母等于前两项分数的分母之和，故可以定义两个变量 fm1、fm2 分别代表前两个分母，第三个分母定义为 t，则 t=fm1+fm2；而第四个分母又等于前两个分母之和，所以此时 fm1=fm2，fm2=t，t=fm1+fm2；如此一直循环下去。

此类问题属于递推，一般递推思路为，将复杂运算分解为若干重复的简单运算，后一步骤建立在前一步骤之上，计算每一步骤的方法相同，通过多次循环逐渐逼近结果。

关键点：

（1）递推的初始值：第一项的值须事先给定，因为后面的值取决于前一项的值。

例如，"float s=1.5; int fm1=1,fm2=2,t;"。

（2）推导出递推公式或通项式：根据下一项的值对其前一项的这种依赖关系，可以推导出一个计算公式，即递推公式。

例如，"t=fm1+fm2;s+=1.0/ t;fm1=fm2;fm2=t;"。

答案

```
#include<stdio.h>
main()
```

```
{   float s=1.5;
    int fm1=1,fm2=2,t;
    for(i=1;i<=5;i++)
    {
        t=fm1+fm2;
        s+=1.0/t ;
        fm1=fm2;
        fm2=t;
    }
    printf("%f\n",s);
}
```

拓展与变换 如果此题改成求第10项的值，那么程序应如何修改？

巩固练习

一、程序填空题

1. 下列程序的功能：找出三位数中的水仙花数，所谓水仙花数是指一个三位数的个位、十位、百位数的立方和与该数相等，如 153=1×1×1+5×5×5+3×3×3。请完善程序。

```
#include<stdio.h>
int main()
{   int a,b,c;
    int i;
    for(i=100;_____;i++)
    {
        a=i%10;
        _____;
        c=i/100;
        if(a*a*a+b*b*b+c*c*c==i)
            printf("%d\t",i);
    }
    return 0;
}
```

2. 有一对兔子，从出生第3个月起每个月都生一对兔子，小兔子长到第3个月后每个月又生一对兔子，假如兔子都不死，求20个月内每个月的兔子总数为多少？（程序提示：兔子的繁殖规律为数列1，1，2，3，5，8，13，21…）请完善程序。

```
#include<stdio.h>
main()
{
    _____ f1,f2;
    int i;
    f1=f2=1;
    for(i=1;i<=10;_____)
    {   printf("%12ld%12ld",f1,f2);
        if(i%2==0)
            _____;           //控制输出，每行4个数
        f1=f1+f2;                  //前两个月加起来赋值给第3个月
        f2=_____;
    }
}
```

二、编程题

3. 编写程序，找出[10，99]范围内十位数是偶数的整数，统计它们的个数并计算它们的和。

4. 编写程序，求 $s=1+1\times2+2\times3+3\times4+\cdots+20\times21$ 的值。

5. 一个数如果等于其每一位数字立方之和，则称为阿姆斯特朗数（如 $407=4^3+0^3+7^3$）。编写程序，输出 1～2000 中的所有阿姆斯特朗数。

6. 编写程序，求 $s=1+(1+2)+(1+2+3)+(1+2+3+4)+\cdots+(1+2+3+\cdots+n)$ 的值，n 由键盘输入。

7. 编写程序，求 $s=1-1/2+1/4-1/6+1/8+\cdots+1/18-1/20$ 的值。

8. 编写程序，求 $s=1+1/(1+2)+1/(1+2+3)+1/(1+2+3+4)+\cdots+1/(1+2+3+4+\cdots+20)$ 的值。

9. 编写程序，找出规律，求下列数列的前 10 项及它们的和（要求前 10 项以分数形式输出）。

$$1/2, \quad 2/3, \quad 3/5, \quad 5/8, \quad 8/13, \quad \cdots$$

10. 编写程序，求 $s=1+1/2!-1/4!+1/6!-1/8!+1/10!-1/12!+1/14!$ 的值。

4.3 break 语句和 continue 语句

学习目标

1. 理解 break 语句和 continue 语句的使用范围。
2. 掌握 break 语句和 continue 语句的应用。
3. 理解 break 语句和 continue 语句的区别。

内容提要

4.3.1 break 语句

1. break 语句的功能

前面介绍 break 语句的功能是跳出当前 switch 分支结构，执行分支后面的语句。break 语句在循环语句中使用，可使程序跳出当前循环结构，执行循环后面的语句，即根据程序的要求，满足一定条件时立即终止循环，继续执行循环体后面的语句。

2. break 语句的应用

如下列程序：

```
#include<stdio.h>
main()
{
    int i,s;
    for(i=1,s=0;i<=13;i+=3)
    {
        printf("%4d\n",i);
        s+=i;
        if(s>5)break;
    }
```

```
        printf("\n%d,%d\n",s,i);
}
```

当 s>5 时，执行 break 语句，程序立即终止 for 循环，并转向 for 循环后面的语句，即执行"printf("\n%d, %d\n",s,i);"语句。

程序运行结果如下。

1   4   7
12,7

4.3.2 continue 语句

1. continue 语句的功能

continue 语句的作用是结束本次循环，执行下一次循环控制条件的判断。其与 break 语句的区别在于它并非跳出整个循环，只是结束本次循环中 continue 语句后面的循环语句。

2. continue 语句的应用

如下列程序：

```
#include<stdio.h>
main()
{
    int i,s;
    for(i=1,s=0;i<=13;i+=3)
    {
        printf("%4d",i);
        s+=i;
        if(s>5) continue;
    }
    printf("\n%4d,%d\n",s,i);
}
```

当 s>5 时，执行 continue 语句，程序立即终止本次循环，继续执行下次循环。

程序运行结果如下。

1   4   7   10   13
35,16

例题解析

【例 4-3-1】 写出下列程序运行后的结果。

```
#include<stdio.h>
main()
{
    int i=15;
    do
    {
        switch(i%2)
        {
            case 1:i--;break;
            case 0:i--;continue;
```

```
        }
        i=i-2;
        printf("i=%3d\n",i);
    }while(i>0);
}
```

解题分析 通过分析发现程序为循环结构中的嵌套分支结构，因为 break 语句可作用于分支结构和循环结构，但作用范围仅限于所在的结构中，故在此题中其仅对 switch 结构有效，而 continue 语句仅作用于所在的循环结构。程序第一次循环时，分支结构执行第一条分支（case 1:i--; break;）后跳出 switch 结构，执行分支后面的语句；程序第二次循环时，分支结构执行第二条分支（case 0:i--;continue;）后直接执行下一次循环；程序第三次循环时，分支结构执行第一条分支（case 1:i--; break;）后跳出 switch 结构，执行分支后面的语句……如此直到循环结束。

答案

i= 12
i= 8
i= 4
i= 0

【例 4-3-2】 写出下列程序运行后的结果。

```
#include<stdio.h>
main()
{
    int i;
    for(i=100;i<=110;i++)
    {
        if(i%5==0)
        {
            printf("\n");
            continue;
        }
        printf("%5d",i);
    }
    printf("\n");
}
```

解题分析 通过分析发现程序为 for 循环结构中的嵌套分支结构，而 continue 语句仅作用于所在的循环结构。当 if 分支（i%5==0）成立时，执行换行并直接进行下一次循环。

答案

101 102 103 104
106 107 108 109

拓展与变换 如果把 continue 语句改成 break 语句，那么程序的运行结果会如何变化？

巩固练习

一、程序阅读题

1.
```c
#include<stdio.h>
main()
{   int i;
    for(i=1;i<=5;i++)
    {
        if(i%2)
            printf("*");
        else
            continue;
        printf("#");
    }
    printf("$\n");
}
```
程序运行后的结果为_____。

2.
```c
#include<stdio.h>
main()
{
    int x=1,y;
    for(y=1;y<=50;y++)
    {
        if(x<=10)break;
        if(x%2==1)
        {
            x+=5;
            continue;
        }
        x-=3;
    }
    printf("%d\t",y);
}
```
程序运行后的结果为_____。

3.
```c
#include<stdio.h>
main()
{
    int i=11;
    do
    {
        switch(i%3)
        {
            case 2:i--;
            case 1:i--;break;
            case 0:i--;continue;
```

```
        }
        i=i-2;
        printf("i=%3d\n",i);
    }while(i>0);
}
```

程序运行后的结果为_____。

4．（真题）

```
#include<stdio.h>
main()
{   int data=34107,d,sn=0,n=0;
    printf("%d\n",data);
    if(data>=0)
        printf("sign+\n");
    else
        printf("sign:-\n");
    while(data!=0)
    {
        d=data%10;
        if(d%2!=0)n=n+1;
            data=data/10;
        sn++;
    }
    printf("number:%3d\n",sn);
    printf("odd:%3d\n",n);
}
```

程序运行后的结果为_____。

二、编程题

5．编写程序，计算半径从 1 到 20 时圆的面积，直到面积大于 200 为止（π 取 3.14）。

6．编写程序，输出 20～100 中不能被 10 整除的整数，并以每行 9 个输出。

7．编写程序，从键盘上输入一个整数 n，判断它是否为回文数。回文数是指一个整数与它的逆序数相等。例如，121，1221 是回文数，而 123 不是回文数。

8．电文加密。为使电文保密，通常按一定规律将其转换成密码，收报人再按约定的规律将其译回原文。现按以下规律将电文变成密码：将字母 A 变成字母 D，字母 a 变成字母 d，即将一个字母变成其后的第三个字母，如 X 变成 A，Y 变成 B，Z 变成 C。字母按上述规律转换，非字母字符保持原样不变，如"China!"转换为"Fklqd!"。编写程序，从键盘输入一行字符，要求输出其相应的密码。

4.4 循环嵌套

学习目标

1．理解循环嵌套的结构特点。

2. 理解 break 语句和 continue 语句在嵌套中的应用。
3. 掌握循环嵌套的执行过程及应用。

内容提要

4.4.1 循环嵌套

在一个循环结构体内又出现了另一个循环结构，就是**循环嵌套**，也称为**多重循环**，即循环结构之间存在包含与被包含的层级关系，通常我们把内部被包含的循环称为内循环，外部被包含的循环称为外循环。

C 语言的三种循环结构语句都可以嵌套，既可以自身嵌套，也可以相互嵌套，比如 while 语句可以出现在 for 语句内，for 语句也可以出现在 do/while 语句内等。循环嵌套的层级没有限制，可以出现多重循环。

例如，有下面这样的循环嵌套程序段。

```
for(表达式1;表达式2;表达式3)
    for(表达式4;表达式5;表达式6)
        循环体
```

则该程序段的执行过程流程图如图 4-4-1 所示。此流程图对循环嵌套执行过程的知识理解非常重要，请认真掌握。

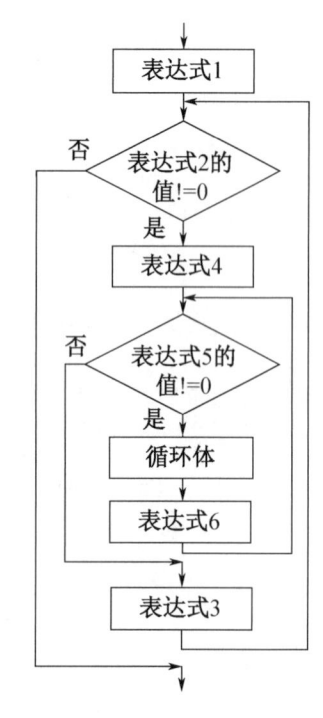

图 4-4-1 循环嵌套执行过程流程图

示例：

```
#include<stdio.h>
main()
{   int i,j;
    for(i=1;i<2;i++)
        for(j=1;j<3;j++)
            printf("%d,%d\n",i,j);
    printf("%d,%d\n",i,j);
}
```

程序运行结果如下。

1,1
1,2
2,3

4.4.2 break 语句和 continue 语句在嵌套中的应用

之前已经介绍过循环中 break 语句和 continue 语句的作用，当二者出现在嵌套循环中时，要注意其作用范围只为当前循环。

如下列程序：

```
#include<stdio.h>
main()
{   int i,j;
    for(i=1;i<3;i++)
```

```
        for(j=1;j<=6;j++)
        {
            if(j%2==0)break;
            printf("%d,%d\n",i,j);
        }
    printf("%d,%d\n",i,j);
}
```

程序运行结果如下。

1,1

2,1

3,2

例题解析

【例 4-4-1】 写出下列程序运行后的结果。

```
#include<stdio.h>
main()
{   int   i,j,x,y;
    x=y=0;
    for(i=1;i<=8;i++)
    {   x=x+1;
        for(j=1;j<=5;j++)
            y++;
    }
    printf("x=%d,y=%d\n",x,y);
}
```

解题分析 本程序为双层循环嵌套，主要考核循环次数问题。针对此类问题，我们首先尝试去除内层循环，逐步简化程序。如内循环中 j 的循环次数是固定的 5 次，而每循环一次 y++，则内循环相当于 y=y+5，程序简化成：

```
for(i=1;i<=8;i++)
{   x=x+1;
    y=y+5;
}
```

而外循环固定循环 8 次，据此可以简化程序。

后面我们会遇到更多不固定的循环次数，而且循环体也相互关联，需要细致考虑。

答案 x=8,y=40

【例 4-4-2】 编写程序，打印如图 4-4-2 所示的图形。

解题分析 文本作图一般采用双层循环嵌套编写。

（1）外循环：控制图形的行数，本图形共有 4 行，因此，外循环可写成 "for(i=1;i<=4;i++)"。

（2）外循环的循环体由内循环 1、内循环 2 和换行三个部分组成。

① 内循环 1：控制每行的空格数。观察发现，每行的空格数随

```
   *
  ***
 *****
*******
```

图 4-4-2 打印输出图形

行数的增加而递减一个,因此,循环变量与行数成单倍负关系。这样,内循环 1 可写成"for(j=1;j<=4-i;j++)printf(" ");"。

② 内循环2:控制每行星号数。观察发现,每行的星号数随行数的增加而递增2个,因此,循环变量与行数成双倍正关系。这样,内循环2可写成"for(k=1;k<=2*i-1;k++)printf("*");"。

③ 换行,即"printf("\n");"。

答案

```
#include<stdio.h>
main()
{
    int  i,j,k;
    for(i=1;i<=4;i++)                //外循环控制行数
    {   for(j=1;j<=4-i;j++)          //内循环1控制每行开始的空格数
            printf(" ");
        for(k=1;k<=2*i-1;k++)        //内循环2控制每行星号的个数
            printf("*");
        printf("\n");                //每行结束后,换行
    }
}
```

小结:文本作图的解决关键有以下几个方面。

(1)内循环1:找到每行的空格数和行数的关系。

(2)内循环2:找到每行的星号数和行数的关系。

可以采用列表的方式进行分析,具体如表4-4-1所示。

表4-4-1 行数i与空格数j、星号数k的关系

行数(i)	空格数(j)	星号数(k)
1	3	1
2	2	3
3	1	5
4	0	7
与行数i的关系	j随i的增加而递减1,即j与i成-i关系:j=4-i	k随i的增加而递增2,即k与i成2i关系:k=2*i-1

(3)文本作图知识点归纳如图4-4-3所示。

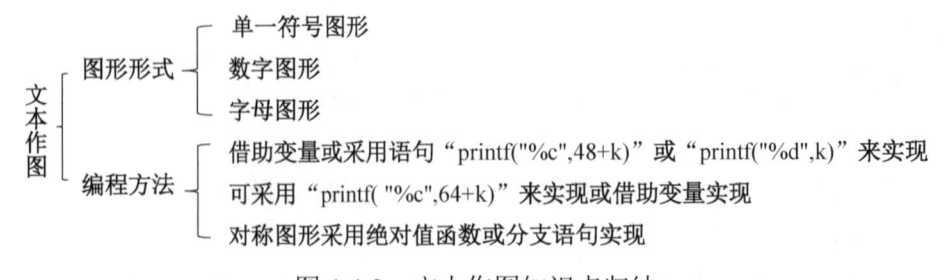

图4-4-3 文本作图知识点归纳

巩固练习

一、程序阅读题

1.
```
#include<stdio.h>
main()
{
    int i,j,x,y,k;
    x=1;y=k=0;
    for(i=1;i<=4;i++)
    {
        x=x+i;
        for(j=1;j<=i;j++)
        {
            y++;
            k=k+j;
        }
    }
    printf("x=%d,y=%d,k=%d\n",x,y,k);
}
```
程序运行后的结果为_____。

2.
```
#include<stdio.h>
main()
{
    int i,j,x,y;
    x=y=0;
    for(i=1;i<=5;i++)
    {
        x=x+i;
        y=y+1;
        for(j=1;j<=4;j++)
        {
            y+=j;
            x=x+i;
        }
    }
    printf("x=%d\ny=%d\n",x,y);
}
```
程序运行后的结果为_____。

3.
```
#include<stdio.h>
main()
{
    int i,j,x,y,k;
    x=y=k=0;
    for(i=1;i<=6;i++)
```

```
    {
        x=x+i;
        y=y+1;
        for(j=1;j<=i;j++)
        {
            y+=j;
            x=x+i;
            if(j==5)continue;
            k=k+1;
        }
        y=i;
        x=1;
    }
    printf("x=%d,y=%d,k=%d\n",x,y,k);
}
```

程序运行后的结果为_____。

4.

```
#include<stdio.h>
main(void)
{
    int i,j,k;
    for(i=0;i<=3;i++)
    {
        for(j=0;j<=2-i;j++)
            printf(" ");
        for(k=0;k<=7;k++)
            printf("*");
        printf("\n");
    }
    for(i=0;i<=2;i++)
    {
        for(j=0;j<=i;j++)
            printf(" ");
        for(k=0;k<=7;k++)
            printf("*");
        printf("\n");
    }
}
```

程序运行后的结果为_____。

二、程序填空题

5. 下列程序的功能：打印九九表乘法。请完善程序。

```
#include<stdio.h>
main()
{
    int i=_____,j;
    printf("\n");
    do
    {
        for(j=1;j<=i;_____)
```

```
        printf("%2d*%d=%-3d",i,j,_____);
        printf("\n");
        i++;
    }_____(i<10);
}
```

三、编程题

6. 编写程序，找出三位数中的所有素数，按照每行 10 个输出，统计它们的个数并求它们的和。所谓系数指的是在大于 1 的整数中，只能被 1 和这个数本身整除的数。

7. 使用循环结构编程打印输出如图 4-4-4 所示的图形。

8. 使用循环结构编程打印输出如图 4-4-5 所示的图形。

9. 使用循环结构编程打印输出如图 4-4-6 所示的图形。

```
       1                1 2 3 4 5                #
      123               2 3 4 5 1               222
     12345              3 4 5 1 2              #####
    1234567             4 5 1 2 3             11111111
     12345              5 1 2 3 4            #########
      123                                   00000000000
       1                                     #########
                                              1111111
                                               #####
                                                222
                                                 #
```

图 4-4-4　打印输出图形 1　　　图 4-4-5　打印输出图形 2　　　图 4-4-6　打印输出图形 3

10. 使用循环结构编程打印输出如图 4-4-7 所示的图形。

```
        1
       121
      12321
     1234321
      12321
       121
        1
```

图 4-4-7　打印输出图形 4

11. 分解质因子。编写程序，将 10～20 的所有整数分解成质因子的形式。例如：

10=2*5

11=11

12=2*2*3

……

12. 找出 1000 以内的所有完全数，并按以下形式输出。所谓完全数，是指一个数的真因子之和等于它本身。例如：

6=1+2+3

28=1+2+4+7+14

……

4.5 循环结构程序设计应用

学习目标

1. 熟练掌握循环结构程序的常用算法及设计方法。
2. 运用循环结构中的知识，编程解决一些实际问题。

内容提要

三种循环结构 while、do/while 和 for 各有特点。while 循环结构是先判定条件，再执行循环体中的语句，因此有可能循环体中的语句一次也不执行。do/while 循环结构是先执行循环体，再判定条件，因此循环体中的语句至少执行一次。for 循环结构功能较强，一般将表达式1、表达式2 和表达式3 放在 for 后面的圆括号内。表达式1 用于实现变量初始化，设置循环变量的初值；表达式2 是每次循环前的判定条件，即循环控制（终止）条件；表达式3 用于在每次循环结束后修改循环控制变量。在 for 循环结构中，循环体中的语句有可能一次也不执行。

循环结构的特点：循环体内的语句可能被反复执行多次，而不像顺序结构中的语句只执行一次，也不像选择结构中有的语句执行一次，有的语句一次也不执行。

break 语句和 continue 语句是循环结构的辅助语句。break 语句可以用于循环结构和多分支 switch 结构，continue 语句只能用于循环结构。合理使用它们，可以提高程序设计的灵活性。

例题解析

【例 4-5-1】 哥德巴赫猜想：任何一个大于 4 的偶数都可以分解成两个素数之和。编程验证 4～50 范围内的偶数可以分解为两个素数之和。输出形式为 4=2+2,…。（只写其中一组即可，如 10 可以表达为 10=3+7，也可以表达为 10=5+5，要求只写 10=3+7 即可。）

解题分析 本程序是典型的求素数问题，可通过 for 循环嵌套完成。外循环控制偶数 i 的范围，内循环用于判断两个加数（加数 j 和加数 m）是不是素数。加数 j 从 2 开始，一直到 i/2。如果加数 j 是素数，则对另一个加数 m（m=i-j）进行素数判断；如果加数 m 也是素数，则按要求的形式输出结果。同时，结束这个偶数的验证，继续进行下一个偶数的验证。

答案

```c
#include<stdio.h>
#include<math.h>
main()
{
    int i,j,m,k;
    for(i=4;i<=50;i+=2)
    {
        for(j=2;j<=i/2;j++)
```

```
        {
            for(k=2;k<=sqrt(j);k++)
                if(j%k==0)break;
            if(k>sqrt(j))
            {
                m=i-j;
                for(k=2;k<=sqrt(m);k++)
                    if(m%k==0)break;
                if(k>sqrt(m))
                {
                    printf("%d=%d+%d\n",i,j,m);
                    break;
                }
            }
        }
    }
}
```

【例 4-5-2】编写程序，计算算式 $xyz+yzz=532$ 中 x、y、z 的值（其中 xyz 和 yzz 分别代表一个 3 位数）。

解题分析 由于 xyz 和 yzz 分别代表一个 3 位数，所以 x 的取值范围是 1~4，y 的取值范围是 1~4，z 的取值为 1~6。本题可以采用 for 循环语句构成的 3 重循环嵌套实现。

答案

```
#include<stdio.h>
main()
{
    int x,y,z;
    for(x=1;x<=4;x++)
        for(y=1;y<=4;y++)
            for(z=1;z<=6;z++)
                if(100*x+10*y+z+100*y+10*z+z==532)
                    printf("x=%d,y=%d,z=%d\n",x,y,z);
}
```

小结：本题采用的解题方法是穷举法。所谓穷举法，就是对要解决问题的所有情况一个不漏的检查，从中找出符合要求的答案。穷举法多为循环结构。这是一种非常朴素的解题思想，可以用来解决"是否存在"和"有多少可能性"等类型的问题。穷举法看上去好像很"笨"，要把全部可能性一一测试，但是这种方法确实能解决一些实际问题，尤其是某些用一般数学方法解决不了的问题，其用穷举法解决往往比较有效。因此，穷举法被认为是"没有办法的办法"，好在现在计算机的运算速度快，即便循环次数多一点也能很快得出结果。

1. 穷举法适用场合。

（1）有明显的穷举范围且求解的对象是有限的。

（2）可以按某种规则列举条件。

（3）一时找不出解决问题的更好途径。

2. 穷举法解决问题的步骤。

（1）确定问题解可能搜索的范围（用循环或循环嵌套实现）。

（2）写出符合问题解的条件（用if语句实现）。

（3）尽可能缩小搜索范围，减少程序运行时间（程序优化）。

【例4-5-3】 编程求 $s=a+aa+aaa+aaaa+a\cdots a$ 的前 n 项和，其中 a 为一个数字，n 和 a 的值由键盘输入（如当 n 为5，a 为2时，结果为24690）。

解题分析 本题属于累加题。对于累加题而言，一般采用循环编写，而且循环体内通常有一条"s=s+t;"这样的语句。解决这类题的关键是求t。通过观察分析本题，不难找出t的求解方式为"t=t*10+a;"。

答案

```c
#include "stdio.h"
main()
{
    int a,n,i;
    long s=0,t;
    printf("Input n,a:");
    scanf("%d%d",&n,&a);
    t=a;
    for(i=1;i<=n;i++)
    {
        s=s+t;
        t=t*10+a;
    }
    printf("s=%ld\n",s);
}
```

小结：本题采用的解题方法是递推法。

1. 递推法的算法思想是指在前面一个或几个结果的基础上推出下一个结果。

2. 解决递推问题必须具备以下两个条件。

（1）递推的初始值，如"t=a;"。

（2）递推关系（直接或隐含），如"t=t*10+a;"，这也是递推法的难点。

巩固练习

一、程序阅读题

1.
```c
#include<stdio.h>
main()
{
    int i=9;
    for(;i>0;i--)
        if(i%3==0)
        {
            printf("%d,",--i);
            continue;
```

        }
    printf("\b ");
}
```

程序运行后的结果为_____。

2.

```
#include<stdio.h>
main()
{
    int i,j,k,a,b,c;
    a=b=0;
    c=1;
        for(j=1;j<=5;j++)
        {
            a++;
            for(k=1;k<=j;k++)
            {
                b+=2;
                for(i=-1;i<=k;i++)
                    c++;
            }
        }
        printf("a=%d\tb=%d\tc=%d\n",a,b,c);
}
```

程序运行后的结果为_____。

3.

```
#include<stdio.h>
main()
{
    int i,j,k,n=0;
    for(i=1;i<=3;i++)
    {
        n++;
        for(j=1;j<=i;j++)
        {
            n++;
            for(k=1;k<=j;k++)
                n++;
        }
    }
    printf("n=%d\n",n);
}
```

程序运行后的结果为_____。

二、程序填空题

4. 下列程序的功能：打印输出 1～100 的同构数。所谓同构数，是指一个数出现在它的平方数的右端。例如，5 的平方是 25，5 出现在 25 的右端，因此 5 是同构数；25 的平方是 625，25 出现在 625 的右端，因此 25 也是同构数。请完善程序。

```
#include<stdio.h>
main()
```
```

```
{   int i,j,s;
    for(i=1;i<=100;i++)
    {
        _____ ;
        if(i>10)
            j=100;
        s=i*i;
        if(_____==i)
            printf("%d,%d\n",i,s);
    }
}
```

5. 下列程序的功能：输出[100，1000]之间（含两端值）的各位数字之和能被 20 整除的所有数，输出时每 8 个数一行。请完善程序。

```
#include<stdio.h>
main()
{   int i,m,n=0,s;
    for(i=100;i<=1000;i++)
    {
        _____ ;
        m=i;
        do
        {
            s=s+_____ ;
            m/=10;
        }while(_____);
        if(s%20==0)
        {
            printf("%5d",i);
            n++;
            if(_____ )
                printf("\n");
        }
    }
}
```

6. 下列程序运行后的结果如图 4-5-1 所示。请完善程序。

```
        *
       ***
      *****
     *******
    *********
     *******
      *****
       ***
        *
```

图 4-5-1　程序运行后的结果

```
#include<stdio.h>
#define N _____
main()
```

```
{   int i,j,k;
    i=1;
    do
    {
        if(i<=_____ )
        {   for(j=1;j<=N-i;j++)
                printf(" ");
            for(k=1;k<= _____ ;k++)
                printf("*");
        }
        else
        {
            for(j=1;j<=i-N;j++)
                printf(" ");
            for(k=2*(2*N-i-1)+1;k>=1;k--)
                printf("*");
        }
        printf("\n");
        i++;
    }while(_____);
}
```

三、编程题

7. 已知求正弦 sin(x)的近似值的多项式公式如下。

$$\sin(x) = x - \frac{x^3}{3!} + \frac{x^5}{5!} - \frac{x^7}{7!} + \frac{x^9}{9!} + \cdots + (-1)\frac{x^{2n-1}}{(2n-1)!}$$

编写程序，输入 x,e，按上述公式计算 sin(x)的值。要求计算的误差小于给定的 e。

8. 使用 3 重循环打印如图 4-5-2 所示的倒三角形图形。

```
*********************
  *****  *****  *****
   ***    ***    ***
    *      *      *
```

图 4-5-2 倒三角形图形

9. 编程打印出 10～1000 的回文素数对。回文素数对是指一个数是素数，而它的逆序数也是素数，如 13 和 31 就是回文素数对。

10. 100 个铜钱买了 100 只鸡，其中公鸡 1 只 5 个铜钱、母鸡 1 只 3 个铜钱，小鸡 1 个铜钱 3 只，问这 100 只鸡中公鸡、母鸡、小鸡各多少？请编写程序。（要求各种类型的鸡都要有，且必须是整只的。）

11. 已知某球从 100 米高度自由落下，落地后反复弹起。每次弹起的高度都是上次高度的一半。编程求此球第 10 次落地后反弹起来的高度和球所经过的路程。

12. 编程统计由 4 个数字 1、2、3、4 可以组成多少个互不相同且各位数字无重复的三位数。

13. 计算机模拟摸球。在口袋里放有手感相同的 3 只红球和 4 只白球，随机摸出 3 只球，记录这 3 只球的颜色，然后放回口袋中，共摸 10000 次。编程求摸到 3 只都是红球和 3 只都是白球的概率各是多少？

14. 求数列 a，b，b，c，c，c，d，d，d，d，e，e，e，e，e，…的第 50 项的字符。

15. 小明今年上小学二年级，正在学习加法运算，请你帮他设计一个程序，让计算机随机出 10 道一位数的加法题，并让计算机进行判分。判分的规则：每道题有 3 次答题机会，第 1 次答对得 10 分，第 2 次答对得 5 分，第 3 次答对得 3 分，3 次均未答对不得分，并且系统给出正确答案。在 10 道题答完后输出 10 道题的总得分。

第 5 章

数 组

考纲要求

★ 掌握一维数组与二维数组的定义、初始化和引用。
★ 掌握常用算法（排序、查找、复制、移动、删除和插入等）的基本思想。
★ 掌握矩阵的运算、转置、旋转和构造的基本思想。
★ 重点掌握排序、查找等算法的基本思想。

5.1 一维数组的定义及初始化

学习目标

1. 理解数组的概念。
2. 掌握一维数组的定义及初始化方法。
3. 掌握一维数组元素的引用方法。
4. 运用一维数组解决一些简单问题（如求最大值、求最小值、统计等）。

内容提要

5.1.1 数组的概念

数组是若干具有相同数据类型变量的有序集合。数组中的每一个元素（也称下标变量）具有同一个名称，但具有不同的下标，每个数组元素可以作为单个变量来使用。数组元素在内存中是连续存储的。

数组可分为**一维数组**和**多维数组**（如二维数组、三维数组……）。数组的维数取决于数组元素的下标个数，即一维数组中的每个元素只有一个下标，二维数组中的每个元素有两个下标，以此类推。

一维数组中的数组元素是排成一行的一组下标变量，用一个统一的数组名来标识，用下标标识其在数组中的具体位置。下标从 0 开始排列。

一维数组元素的输入和输出通常与单循环相配合，对数组元素依次进行处理。

5.1.2 一维数组的定义

在 C 语言中，变量必须先定义后使用，数组亦是如此，使用数组时也必须先定义后引用。定义一维数组的一般形式如下。

类型说明符　数组名[常量表达式],…;

类型说明符：表示数组元素的类型，它可以是 void 类型以外任一种基本数据类型或构造数据类型。

数组名：用来表示数组的名称，是用户定义的数组标识符。

常量表达式：由常量或常量表达式构成，其值必须是正整数，表示数组中元素的个数，又称数组长度。

下面的定义是错误的。

```
int n=10;
int a[n];
```

说明：一个数组定义后，可以确定该数组的名称、大小、类型和维数。

5.1.3 一维数组的初始化

数组元素和变量一样，可以在定义的同时赋初值，称为数组的**初始化**。

其一般形式如下。

类型说明符 数组名[常量表达式]={值,值,…,值};

例如,"int a[5]={1,3,5,7,9};"。

5.1.4 一维数组元素的引用

当定义了某数组后,就可以引用该数组中的任何元素了,引用形式如下。

数组名[下标表达式]

例如,a[4]、b[n++]、c[c[1]]等。

例题解析

【例 5-1-1】 (真题)阅读下列程序,写出程序运行结果。

```
#include<stdio.h>
main()
{
    int GDP[4]={6,4,5,6};
    int year,i;
    printf("2015-2018 GDP\n");
    printf("%s%8s\n","year","rate");
    for(year=2015;year<=2018;year++)
    {
        printf("%-6d",year);
        for(i=1;i<=GDP[year-2015];i++)
            printf("*");
        printf("\n");
    }
}
```

解题分析 本题主要考查数组元素的应用,比较简单。在 GDP 数组中,4 个元素分别为 GDP[0]=6、GDP[1]=4、GDP[2]=5、GDP[3]=6。内循环的循环变量 i 的初值为 1,终值为 GDP[i],循环的次数为 GDP[i],每次输出一个字符"*"。综上所述,不难得出以下答案。

答案 2015-2018 GDP

  year rate

  2015 ******

  2016 ****

  2017 *****

  2018 ******

【例 5-1-2】 下列程序的功能:将一个十进制整数转换成八进制整数。请完善程序。

```
#include<stdio.h>
main()
{
    int k=0,n,j,bin[20];
```

```
    scanf("%d",&n);
    do
    {
        ____①____ ;
        n=n/8;
    }while(n);
    for(____②____)
        printf("%d",bin[j]);
}
```

解题分析 本题主要考查进制转换算法，十进制整数转换成其他进制整数的方法是"除基数逆取余"。因此①处填"bin[k++]=n%8"，输出其值时，②处填"j=k-1;j>=0;j--"。

答案 ① bin[k++]=n%8　　　　　　② j=k-1;j>=0;j--

拓展与变换 若本程序将十进制整数转换成二进制整数，则程序如何修改？

【例5-1-3】 编写程序，从键盘输入10个数存入a[10]数组中，求出其中的最大值和最小值。

解题分析 定义变量max和min分别存放最大值和最小值。先将第一个数a[0]分别存入max和min中，然后从第二个数a[1]开始到a[9]逐一与max和min比较。如果后来的值比max大，就替换max的值，否则保持max中的值不变；如果后来的值比min小，就替换min的值，否则保持min中的值不变。这样将所有数逐一比较后，max中的值就是这组数中的最大值，min中的值就是这组数中的最小值。

答案
```
#include<stdio.h>
main()
{
    int i,max,min,a[10];
    for(i=0;i<10;i++)
        scanf("%d",&a[i]);
    for(i=0;i<10;i++)
        printf("%d\t",a[i]);
    max=min=a[0];
    for(i=1;i<10;i++)
    {
        if(max<a[i])max=a[i];
        if(min>a[i])min=a[i];
    }
    printf("\nmax=%d,min=%d\n",max,min);
}
```

拓展与变换 本题也可以用排序的方法，将上述10个数按从小到大顺序排列后，第一个数a[0]就是最小值，最后一个数a[9]就是最大值。

【例5-1-4】 随机产生100个1~10的整数，编写程序，统计1~10这10个数字中每个数字的个数。

解题分析 用数组num[10]存放1~10中每个数字的个数。num[0]存放1的个数，num[1]

存放 2 的个数，num[2]存放 3 的个数，……，num[9]存放 10 的个数。每产生一个随机整数，就对它进行计数。

答案

```
#include<stdio.h>
#include<stdlib.h>
#include<time.h>
main()
{
   int i,x,num[10]={0};
   srand(time(0));
   for(i=0;i<100;i++)            //随机产生100个整数
   {
       x=rand()%10+1;
       num[x-1]++;               //统计1～10这十个数字中每个数字的个数
   }
   for(i=0;i<10;i++)
       printf("%d:%d\n",i+1,num[i]);
}
```

巩固练习

一、程序阅读题

1.

```
#include<stdio.h>
main()
{  int a[]={2,3,5,4},i;
   for(i=0;i<4;i++)
   switch(i%2)
   {
       case 0:switch(a[i]%2)
       {
           case 0:a[i]++;break;
           case 1:a[i]--;
       }
       break;
       case 1:a[i]=0;
   }
   for(i=0;i<4;i++)
       printf("%d",a[i]);
}
```

程序运行后的结果为_____。

2.

```
#include<stdio.h>
main()
{  int i,f[10];
```

```c
    f[0]=f[1]=1;
    for(i=2;i<10;i++)
        f[i]=f[i-2]+f[i-1];
    for(i=0;i<10;i++)
    {
        if(i%4==0)
            printf("\n");
        printf("%-4d",f[i]);
    }
}
```

程序运行后的结果为_____。

3.

```c
#include<stdio.h>
main()
{
    int p[7]={11,13,14,15,16,17,18},i=0,k=0;
    while(i<7&&p[i]%2)
    {
        k=k+p[i];
        i++;
    }
    printf("%d\n",k);
}
```

程序运行后的结果为_____。

4.

```c
#include<stdio.h>
main()
{
    int i,j,b[3]={0};
    int a[10]={5,8,-2,7,-5,0,4,-6,1};
    for(i=0;i<10;i++)
    {
        j=1;
        if(a[i]>0)
            j=2;
        else if(a[i]<0)
            j=0;
        b[j]++;
    }
    for(i=0;i<3;i++)
        printf("%d\t",b[i]);
}
```

程序运行后的结果为_____。

二、编程题

5. 编程将一维数组 a[10]中的前 5 个元素与后 5 个元素交换，即 a[0]与 a[9]交换、a[1]

与 a[8]交换，以此类推。

6．随机产生 30 个在[30，150]范围内的整数，编程找出其中的素数，同时求出最大素数和最小素数。

7．有如下数组元素{23,37,18,94,130,12,55}，编程求出该数组中的最小值和次小值的最大公约数。

8．某班有 10 个学生，成绩由键盘输入，编程统计出 100 分、90～99 分、80～89 分、70～79 分、60～69 分及 60 分以下各个分数段的人数。

9．随机产生 20 个[50，190]范围内的整数存入数组 a 中，编程将小于等于 100 的整数存入数组 a 的左侧，将大于 100 的整数存入数组 a 的右侧，要求不借助其他数组，显示移动前后的数组。

10．随机产生 100 个[100，999]范围内的整数，编程找出其中的水仙花数并将它们存放于数组 t 中，按每行 8 列的格式显示数组 t 中的元素。

5.2 一维数组的应用———排序

学习目标

1．进一步理解一维数组的定义及初始化方法。
2．熟练掌握一维数组的 4 种常用排序算法。
3．运用一维数组的排序算法编程解决一些实际问题。

内容提要

5.2.1 排序的定义

排序就是按照某种规则对一组数据重新排列先后次序。排序的目的是便于以后的查找，日常生活中通过排序以便查找的例子也很多。图书以书号排序，方便读者查找借阅。教师以工作号排序，可以很快找到某个教师。在计算机内部的程序中，排序用得更多，如在资源管理中，右侧窗口列出的文件，就可以分别以文件名、文件大小、修改日期等排序。因此排序方法的研究，是计算机软件技术研究中的一个重要内容。排序一般使用按照数据的大小排序的规则，对数据从小到大排序，称为升序排序，反之则称为降序排序。

5.2.2 排序的方法

在 C 语言中，排序的方法有多种，常用的排序方法有**比较交换法**、**选择法**、**冒泡法**和**插入法**。排序一般采用数组完成。下面通过将{3,7,2,1,4,8}一组数按从小到大排序，阐述 4 种排序方法。

1．比较交换法排序

（1）排序原理：首先用第 1 个元素 a[0]与其他元素 a[1]～a[5]进行比较，在比较的过程中如果第 1 个元素比其他元素大，则将两数进行交换。第一轮比较结束后，第 1 个元素 a[0]

就是该数组中的最小数,用同样的方法找出 a[1]、a[2],以此类推,直到全部元素排好序为止。

注意 比较交换法排序就是不断地求最小值(从小到大排序),采用的方法是边比较、边交换。

(2)排序特点:比较交换法的算法思想比较简单,但这种排序方法交换次数较多,因此效率较低。

2．选择法排序

(1)排序原理:选择法排序的算法思想与比较交换法排序的算法思想基本相同,不同的是,在每轮求最小值的过程中,先找出每轮最小数的位置 p(下标),然后判断最小数的下标是否等于外循环 i 的值,如果不等于,则交换两个元素的值(交换 a[p]与 a[i]的值)。

注意 选择法排序也是不断地求最小值(从小到大排序),采用的方法是先比较后交换。每轮结束后,最多交换一次,也有可能一次都不交换。

(2)排序特点:选择法排序是在每轮结束以后,再判断是否需要进行交换,这样交换次数较少,因此效率较高。

3．冒泡法排序

(1)排序原理:排序时每次对相邻两个元素进行比较,如果它们的相对排列次序与所希望的不符,便交换它们的次序。这样,每次比较交换的结果总是把相邻两个元素的大数存入下标较大的单元,小数存入下标较小的单元(从小到大排序)。在排序过程中,使小数如冒气泡一样逐层上浮,而使大数逐个下沉,因此被形象地比喻成"冒泡"。

注意 冒泡法排序,每轮循环,变量初值都是从 0 开始的,终值递减 1。

(2)排序特点:冒泡法排序(从小到大排序)的特点是相邻数比较,小数在前,大数在后。这种排序方法交换次数较多,因此效率较低,一般不适合元素个数多的场合。

4．插入法排序

(1)排序原理:首先对前 2 个元素进行比较,按排序要求排列好,然后将第 3 个元素与前 2 个已排好的元素进行比较,按排序要求找到其相应的位置,最后通过交换将其插入该位置。以此类推,直到全部元素排好序为止。

注意 插入法的操作过程类似我们平时打扑克牌时抓牌插牌的过程,请读者好好体会。

(2)排序特点:采用插入法排序,当插入第 n 个元素时,前 $n-1$ 个元素已经排好序。

例题解析

【例 5-2-1】　(真题)阅读下列程序,写出程序的运行结果。

```
#include<stdio.h>
int main()
{
    int sort_n[5]={10,20,30};
    int num[2]={25,5};
    int i,p,k;
    printf("The array is:\n");
    for(i=0;i<=2;i++)
```

```
            printf("%4d",sort_n[i]);
        printf("\n");
        for(i=0;i<2;i++)
        {
            p=i+2;
            while(num[i]<sort_n[p]&&p>=0)
            {
                sort_n[p+1]=sort_n[p];
                p=p-1;
            }
            sort_n[p+1]=num[i];
            for(k=0;k<=3+i;k++)
                printf("%4d",sort_n[k]);
            printf("\n");
        }
        return 0;
    }
```

解题分析 本题主要考查插入法排序算法，数组 sort_n[]已有序，现插入 num[]中的各个元素，插入后使得 srot_n[]仍然有序。理解了这个程序功能，就不难写出程序运行结果。

答案 The array is:
  10 20 30
  10 20 25 30
  5 10 20 25 30

【例 5-2-2】 （真题）下列程序的功能：从键盘上输入 10 个数，用选择法排序。请完善程序。

```
#include<stdio.h>
#include<stdlib.h>
main()
{
    int i,j,min,temp,a[10];
    for(i=0;i<10;i++)
        scanf("%d",_____①_____);
    printf("初始数据为:\n");
    for(i=0;i<10;i++)
        printf("%5d",a[i]);
    printf("\n");
    for(i=0;i<10;i++)
    {
        _____②_____;
        for(j=i+1;_____③_____;j++)
            if(a[min]>a[j])_____④_____;
        temp=a[i];
        a[i]=a[min];
        a[min]=temp;
    }
```

```
    printf("\n排序之后的数据为:\n");
    for(i=0;i<10;i++)
        printf("%5d",a[i]);
    printf("\n");
}
```

解题分析 本题考查选择法排序的基本算法,比较简单,在填写第③个空的时候要注意循环变量的终值。其实,在排序的时候,外循环"for(i=0;i<10;i++)"用于控制比较轮数,一般为"for(i=0;i<9;i++)"。

答案 ① &a[i]　　② min=i　　③ j<10　　④ min=j

【例 5-2-3】 某学校开运动会,共 10 人参加男子 100 米短跑,运动员号码和成绩如表 5-2-1 所示(每人成绩各不相同)。编写程序按成绩排出名次,并按如图 5-2-1 所示的格式输出。要求排序方法采用冒泡法。

表 5-2-1　运动员号码和成绩

号码	成绩/秒	号码	成绩/秒
207	14.5	177	13.6
156	14.2	231	14.7
453	15.1	276	13.9
096	15.7	122	13.7
339	14.9	302	14.6

```
名次    号码    成绩
1       177     13.6
2       122     13.7
3       276     13.9
```

图 5-2-1　输出格式

解题分析 本题编程时,不仅要把成绩存入一个数组,还要把号码存入另一个数组。在排序时,以成绩的高低为依据,交换时不仅要交换成绩,还要交换号码,否则就会出现张冠李戴的错误。

答案

```
#include<stdio.h>
main()
{
    int num[10],i,j,t1;
    float score[10],t2;
    printf("请输入号码和成绩:\n");
    for(i=0;i<=10;i++)
        scanf("%d%f",&num[i],&score[i]);
    for(i=0;i<9;i++)
    {
        for(j=0;k<9-i;j++)
            if(score[j]>score[j+1])
```

```
                {
                    t2=score[j];score[j]=score[j+1];score[j+1]=t2;
                    t1=num[j];num[j]=num[j+1];num[j+1]=t1;
                }
        }
    printf("名次\t号码\t成绩\n");
    for(i=0;i<=10;i++)
        printf("%d\t%d\t%.1f\n",i+1,num[i],score[i]);
}
```

巩固练习

一、程序阅读题

1.
```
#include<stdio.h>
main()
{
    int a[5]={213,178,550,429,278},i,j,t;
    for(i=3;i>=0;i--)
        for(j=0;j<=i;++j)
            if(a[j]%100>a[j+1]%100)
            {
                t=a[j];a[j]=a[j+1];a[j+1]=t;
            }
            else if((a[j]%100==a[j+1]%100)&&(a[j]/100<a[j+1]/100))
            {
                t=a[j];a[j]=a[j+1];a[j+1]=t;
            }
    for(i=0;i<5;++i)
        printf("%d\t",a[i]);
    printf("\n");
}
```
程序运行后的结果为_____。

2.
```
#include<stdio.h>
main()
{
    int a[]={8,1,4,9,3,5},n=6,i,j,p;
    for(i=1;i<n-1;i+=2)
    {
        p=i;
        for(j=i+2;j<n;j+=2)
            if(a[j]>a[p])
                p=j;
        if(p!=i)
        {
```

```
            j=a[i];a[i]=a[p];a[p]=j;
        }
    }
    for(i=0;i<6;i++)
        printf("%4d\t",a[i]);
}
```

程序运行后的结果为_____。

3.
```
#include<stdio.h>
main()
{
    int a[]={154,289,627,802},b[4],i,j,d,n=4;
    for(i=0;i<n;i++)
    {
        d=a[i]%10*10+a[i]/100;
        b[i]=d;
    }
    i=1;
    while(i<n)
    {
        d=b[i];
        j=i-1;
        while(b[j]>d&&j>=0)
        {
            b[j+1]=b[j];
            j--;
        }
        b[j+1]=d;
        i++;
    }
    for(i=0;i<n;++i)
        printf("%4d",b[i]);
    printf("\n");
}
```

程序运行后的结果为_____。

4.
```
#include<stdio.h>
#define N 8
main()
{
    int a[N]={9,61,92,44,26,93,28,37};
    int i,j,k;
    for(i=1;i<N;i++)
    {
        k=a[i];
        j=i-1;
        while(a[j]%10>k%10&&j>=0)
```

```
        {
            a[j+1]=a[i];
            j--;
        }
        a[j+1]=k;
    }
    printf("排序后:\n");
    for(i=0;i<N;i++)
        printf("%d\t",a[i]);
    printf("\n");
}
```

程序运行后的结果为_____。

二、程序填空题

5. 下列程序的功能：用插入法将数组 a 中的元素按从大到小排序。请完善程序。

```
#include<stdio.h>
int main()
{
    int a[6]={3,9,4,6,7,1},i,j,k;
    for(i=1;i<6;i++)
    {
        k=a[i];
        j=_____;
        while(j>=0&&k>a[j])
        {
            _____;
            j--;
        }
        _____=k;
    }
    for(i=0;i<6;i++)
        printf("%3d",a[i]);
    return 0;
}
```

三、编程题

6. 随机产生 10 个二位正整数，编程用插入法对其按从大到小排序。

7. 给定 6 个整数 223、178、550、429、279、47，编写程序，要求按十位数由小到大进行排序，如果十位数相同，则按个位数从大到小排序（用选择法排序）。

8. 随机产生 6 个[10，300]之间的整数，编程将这 6 个数按最高位数降序排列，最高位数相同的按最低位数升序排列。例如：

产生的数据为 26，87，105，90，275，124

排序后数据为 90，87，275，26，124，105

9. 编写程序，将利用随机函数产生的 20 个互不相同的[-10，100]之间的整数放入数组 a 中，要求不能引入其他数组，对数组 a 的前半部分升序排序，后半部分降序排序，并输出排序前后的数组。

5.3 一维数组的应用二——查找

学习目标

1. 进一步理解一维数组的定义及初始化方法。
2. 熟练掌握一维数组的查找算法。
3. 运用一维数组的查找算法解决一些实际问题。

内容提要

5.3.1 查找的定义

查找又称为检索，就是从一组数中查找一个或多个数据项，是数据处理的一种重要方法。无论在日常生活中还是在计算机本身的软件系统中，查找都是一种常见的操作。例如，在超市货架上寻找某种商品，在图书馆的书架上查找某本图书，在计算机中查找某个文件，在文件中查找某个词语等。显然在查找之前必须确定要查找的"目标"——商品名、图书名、文件名等，也就是说将某个数据的值作为查找的目标。

5.3.2 查找的方法

在 C 语言中，常用的查找方法有**顺序查找**和**折半查找**（又称**二分查找**）。

1. 顺序查找

（1）查找原理：根据要查找的数据值，从查找范围内的第一个记录开始（或从最后一个记录开始）将其相应内容与查找关键字进行比较，直到找到所要查找的目标或查完为止。如果某一记录相应的内容与查找关键字之间满足所要求的关系，该记录就是一个查找目标。

（2）查找特点：实现顺序查找的算法比较简单。用这种方法进行查找，如果记录个数较多，则需要花费相当长的时间。然而，对于需要在未排序的记录中进行查找的场合，顺序查找是唯一可用的方法。

（3）适用范围：适用于任何情况。

2. 折半查找

（1）查找原理：首先找到中间的记录（a[mid]，mid=(left+right)/2），这时，可能会出现以下 3 种情况之一（若数据已按升序排列），如图 5-3-1 所示。

a[left]				a[mid]				a[right]
left=0				mid=(left+right)/2				right=n-1

①前半部分（x<a[mid]）　②中间（x==a[mid]）　③后半部分（x>a[mid]）

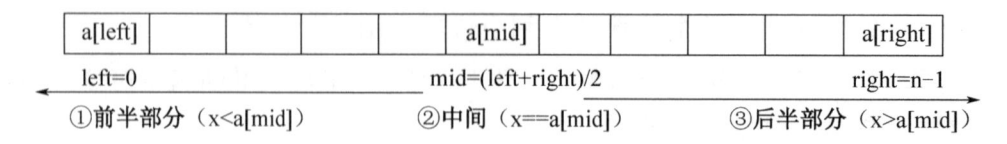

图 5-3-1　折半查找的 3 种情况（若数据已按升序排列）

① 该记录对应字段的值小于查找关键字（x<a[mid]），此时应在前半部分记录中查找。

② 该记录对应字段的值等于查找关键字（x==a[mid]），表示已找到了查找目标，查找结束。

③ 该记录对应字段的值大于查找关键字（x>a[mid]），此时应在后半部分记录中查找。

如果出现前两种情况，则继续在前半部分或后半部分内进行折半查找，直到出现第 3 种情况为止。如果沿指定方向测试完所有记录时，仍未出现第 3 种情况，则表示未找到查找目录，查找也结束。

（2）查找特点：如果查找范围内的元素已经排好序，那么用折半查找方法进行查找要比用顺序查找方法快得多。

（3）适用范围：适用于在已经排好序的数列中查找。

例题解析

【例 5-3-1】 某校进行计算机知识竞赛，8 名选手的初赛成绩如表 5-3-1 所示。

表 5-3-1　计算机竞赛初赛的选手成绩

学号	103	231	141	123	341	219	224	108
成绩	82	86	91	73	90	78	96	89

成绩在 85 分及以上者进入复赛。编程查找并输出参加复赛的名单。

解题分析 本题由于数据（成绩）的大小无序，因此只能采用顺序查找。顺序查找是一种穷举法，其基本思想是对所存储的数据从第一项开始，依次与要查找的数据进行比较。对于查找类程序，一般先把数据存入数组，然后根据要求进行查找输出。

答案

```c
#include<stdio.h>
int main()
{
    int num[8]={103,231,141,123,341,219,224,108};
    int score[8]={82,86,91,73,90,78,96,89},i;
    printf("学号\t成绩\n");
        for(i=0;i<8;i++)
            if(score[i]>=85)
                printf("%d\t%d\n",num[i],score[i]);
    return 0;
}
```

【例 5-3-2】 有一个数组有 11 个元素，已按升序排列，现输入一个数 x，编写程序，要求用折半查找法查找 x 是否为其中的数，对各种情况输出相应的信息。

解题分析 本题要求采用折半查找法查找 x 是否存在。折半查找的算法思想：若数组已升序排列，共有 n 个元素，最小下标为 left，最大下标为 right，中间下标为 mid=(left+right)/2。

将数组 a[0]，a[1]，a[2]，…，a[n-1]分成以下 3 个部分。

① 前半部分：a[0]，a[1]，a[2]，…，a[mid-1]。

② 中间部分：a[mid]。

③ 后半部分：a[mid+1]，a[mid+2]，…，a[n-1]。

用 a[mid]与 x 比较。若 x==a[mid]，查找结束；若 x<a[mid]，用同样的方法，将前半部分 a[0], a[1], a[2], …, a[mid-1]分成新的 3 个部分后继续查找，…；若 x>a[mid]，用同样的方法，将后半部分 a[mid+1], a[mid+2], …, a[n-1]分成新的 3 个部分后继续查找，…。直到找到 x 或得到"找不到 x"的结论为止。

为编程方便，引入变量 f 作为"是否找到"的标志。设 f 的初始值为 0，当找到 x 后，将 f 置 1。根据 f 的值便可以确定循环是由于找到 x（f==1）结束的，还是由于对数据序列查找完了也没找到 x（f==0）而结束的。

答案

```c
#include<stdio.h>
int main()
{
    int a[11]={11,12,13,14,15,16,17,18,19,20,21};
    int left,right,mid,n=11,f=0,x;
    left=0,right=n-1;
    printf("请输入要查找的数x: ");
    scanf("%d",&x);
    while(left<=right&&f==0)
    {
        mid=(left+right)/2;
        if(x<a[mid])
            right=mid-1;
        else if(x>a[mid])
            left=mid+1;
        else
            f=1;
    }
    if(f==1)
        printf("找到了，下标为：%d。\n",mid);
    else
        printf("没有找到。\n");
    return 0;
}
```

【例 5-3-3】 （真题改编）下列程序的功能：用键盘输入一个数，查找数组 num 中是否存在该数，若存在，则输出该数处于数据序列中排序后的位置。请完善程序。

```c
#include<stdio.h>
#include<stdlib.h>
main()
{
    int low=0,high,m,len=11,x;
    int num[11]={21,12,19,18,13,16,17,14,15,20,11},i,j,t;
    for(i=0;i<len-1;i++)
        for(j=_____①_____;j<len;j++)
```

```
            if(num[i]>num[j])
            {
                t=num[i];
                num[i]=num[j];
                num[j]=t;
            }
    printf("Enter a int num:\n");
    scanf("%d",&x);
    high=_____②_____;
    m=(low+high)/2;
    while(low<=high&&_____③_____)
    {
        if(x>num[m])
            low=_____④_____;
        else
            high=m-1;
        m=(low+high)/2;
    }
    if(low<=high)
        printf("\n%d is found:%d\n",x,p);
    else
        printf("\n%d is not found:%d\n",x);
}
```

解题分析 本题主要考查数组的顺序排序及折分查找算法，是一道综合题。对于复杂、综合的题目，可以将程序分几段来考虑，本程序可以分成两段：对于第一段，顺序排序，比较简单，不难得出答案①处为"i+1"；对于第二段，折半查找，相对复杂一点，一定要熟练掌握折半查找算法。

答案 ① i+1　　② len-1　　③ x!=num[m]　　④ m+1

巩固练习

一、程序填空题

1. 下列程序的功能：查找用键盘输入的数据 x 在数组 num 中是否存在。若不存在，输出 "No Found!"；若存在，输出该数在数组中首次出现的位置。请完善程序。

```
#include<stdio.h>
#define N 8
main()
{
    int num[N]={3,9,4,6,7,1,5,8},i=0,x;
    printf("Input a int num:");
    _____;
    while(num[i]!=x&&_____)
        i=_____;
    if(_____)
```

```
        printf("%d in position %d.\n",num[i],i);
    else
        printf("No Found!\n");
}
```

二、程序改错题

2. 下列程序的功能：N个有序整数已放在一维数组a中，利用折半查找算法查找整数x在数组中的位置，若找到，则返回其下标值；反之，则返回-1。下面给定的程序存在错误，请改正。

```
#include<stdio.h>
#define N 10
main()
{
    int i,a[N]={190,130,99,67,56,33,19,17,4,-3},f=0,x;
    int left=0,right=N-1,mid;
    printf("Enter x:");
    scanf("%d",&x);
    while(left<=right&&f==0)
    {
        mid=(left+right)/2;
        if(x<a[mid])
/**********FOUND1**********/
            right=mid-1;
        else if(x>a[mid])
/**********FOUND2**********/
            left=mid+1;
        else f=1;
    }
/**********FOUND3**********/
    if(f==1)
        printf("没有找到!\n");
    else
        printf("x=%d,index=%d\n",x,mid);
}
```

三、编程题

3. 先将随机产生的10个互不相同的两位正整数存入数组a中，然后用键盘任意输入一个数x，如果数组a中存在与x相同的元素，则打印"FOUND"，并指出它在数组a中的位置，否则打印"NO FOUND"（用顺序查找法编写程序）。

4. 先将随机产生的10个互不相同的两位正整数存入数组a中，然后用键盘任意输入一个数x，如果数组a中存在与x相同的元素，则打印"FOUND"，并指出它在数组a中的位置，否则打印"NO FOUND"（用折半查找法编写程序）。

5.4 一维数组的应用三——数组元素的复制、移动、删除和插入

学习目标

1. 进一步理解一维数组的定义及初始化方法。
2. 熟练掌握一维数组元素的复制、移动、删除和插入等操作。
3. 运用一维数组元素的复制、移动、删除和插入等操作解决一些实际问题。

内容提要

5.4.1 数组元素的复制

数组元素的复制是采用赋值语句来实现的。其中包括以下两个方面。

（1）将一个一维数组的元素全部（或部分）复制到另一个一维数组中。

例如，将数组 a 中的元素全部复制到数组 b 中（b[i]=a[i]），如图 5-4-1 所示。

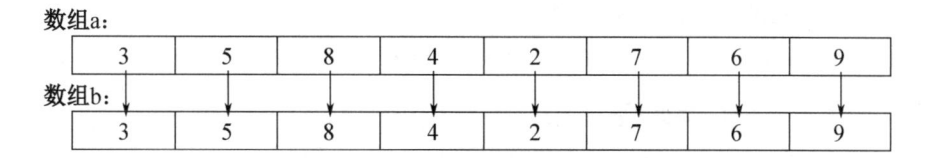

图 5-4-1 数组元素的复制示意图

（2）一维数组与二维数组全部（或部分）相互复制。

5.4.2 数组元素的移动

数组元素的移动，主要指数组中元素的位置发生变化，可以分为向左移动和向右移动。数组元素的移动一般要求数组中各相邻元素的相对位置保持不变。数组元素的删除和插入都要用到数组元素的移动。

例如，将数组 a 中的元素向左平移 1 位，如图 5-4-2 所示。

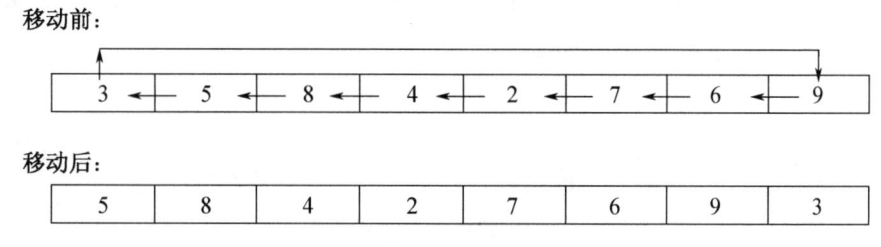

图 5-4-2 数组元素的移动示意图

5.4.3 数组元素的删除

在数组中删除元素，既可以删除指定位置处的元素，也可以删除符合某些条件的若干元素。删除的方法都是利用计算机存储器的特点，用数组后续元素覆盖要删除的元素。这样可

保证删除元素后，剩余元素在数组中仍然是连续存放的。假定数组有 n 个元素，则指定的删除位置必须为 0～n-1。

例如，将数组 a 中的元素 a[2]删除，如图 5-4-3 所示。

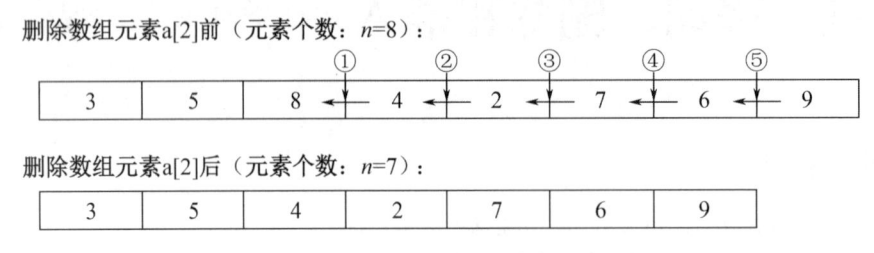

删除数组元素a[2]前（元素个数：n=8）：

| 3 | 5 | 8 | 4 | 2 | 7 | 6 | 9 |

删除数组元素a[2]后（元素个数：n=7）：

| 3 | 5 | 4 | 2 | 7 | 6 | 9 |

图 5-4-3　数组元素的删除示意图

5.4.4　数组元素的插入

在数组的某个位置插入元素，是将该位置及其后的所有元素后移 1 个位置，从而腾出 1 个元素的位置，用于存放插入的元素。当然，要完成插入操作，数组元素的个数必须小于数组的长度。

在无序的数组中插入元素，一般要指定插入的位置；而在有序的数组上插入元素，一般不指定插入位置，只是要保证插入 1 个元素后数组仍然保持有序的特性。

例如，在数组 a 中的元素 a[2]后面插入 1 个元素 10，如图 5-4-4 所示。

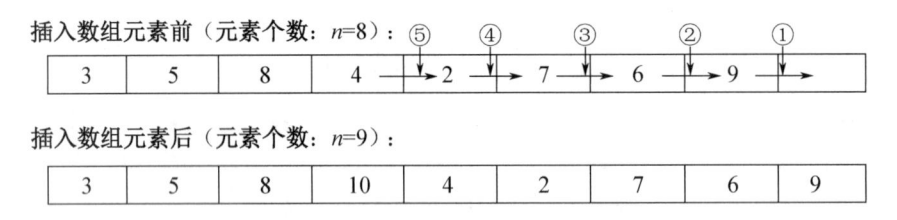

插入数组元素前（元素个数：n=8）：

| 3 | 5 | 8 | 4 | 2 | 7 | 6 | 9 |

插入数组元素后（元素个数：n=9）：

| 3 | 5 | 8 | 10 | 4 | 2 | 7 | 6 | 9 |

图 5-4-4　数组元素的插入示意图

例题解析

【例 5-4-1】 将随机产生的 20 个[20，90]范围内的整数存入数组 a 中，要求将其中的素数复制到另一数组 b 中，最后输出 a、b 两数组。

解题分析 本题主要考查数组元素的复制算法。根据题意，要将数组 a 中的素数复制到数组 b 中，需要对数组 a 中的每个元素进行判断，如果是素数，就复制给数组 b。数组 b 的初始下标为 0，每复制 1 个素数，下标自增 1。

答案

```c
#include<stdio.h>
#include<stdlib.h>
#include<time.h>
#include<math.h>
main()
{
    int a[20],b[20];
    int i,j,k=0;
    srand(time(0));
```

```
printf("a array:\n");
for(i=0;i<20;i++)
{
    a[i]=rand()%71+20;
    printf("%4d",a[i]);
    for(j=2;j<=sqrt(a[i]);j++)
        if(a[i]%j==0)
            break;
    if(j>sqrt(a[i]))
        b[k++]=a[i];
}
printf("\nb array:\n");
for(i=0;i<k;i++)
    printf("%4d",b[i]);
printf("\n");
}
```

【例 5-4-2】 随机产生 20 个两位正整数存入数组 a 中,编程要求将数组 a 中的元素复制到另一数组 b 中并输出(注意,相同的元素只复制 1 个)。

解题分析 本题主要考查数组元素的复制算法。根据题意,要将数组 a 中的不重复的数据复制到数组 b 中,用变量 i 作为数组 a 的下标,用变量 k 作为数组 b 的下标,复制前要判断 a[i]与已复制到数组 b 的数据有没有重复,如果不重复,就可以复制。

答案

```
#include<stdio.h>
#include<stdlib.h>
#include<time.h>
#include<math.h>
main()
{
    int a[20],b[20];
    int i,j,k=0;
    srand(time(0));
    printf("a array:\n");
    for(i=0;i<20;i++)
    {
        a[i]=rand()%71+20;
        printf("%4d",a[i]);
        for(j=0;j<k;j++)
            if(a[i]==b[j])     //将数组a中的元素与数组b中的元素交换
                break;
        if(j>=k)
            b[k++]=a[i];
    }
    printf("\nb array:\n");
    for(i=0;i<k;i++)
        printf("%4d",b[i]);
    printf("\n");
}
```

【例5-4-3】
编程找出数组a中的最小值,并把它移到行首,要求该数组中相邻各数顺序不变,其移动情况如图5-4-5所示。

```
移动前:  44  66  33  22  | 11  55  88  77 |
移动后:  | 11  55  88  77 |  44  66  33  22
```

图5-4-5 数组元素的移动情况

解题分析 本题主要考查求最小值和数组元素的移动。首先求出数组中最小值的下标,然后判断最小值的下标是否为0,如果不为0,则采用平移的方法进行移动。平移的操作方法:①先将a[0]中的元素存入一个变量中,然后将a[1]~a[7]中的元素分别向前移动一个单元,最后将刚存入变量中的元素赋给a[7]。②再次判断最小值的下标是否为0,如果不为0,重复上述操作;如果为0,结束操作。

答案

```c
#include<stdio.h>
main()
{
    int i,p=0,t,a[8]={44,66,33,22,11,55,88,77},n=8;
    printf("移动前:\n");
    for(i=0;i<n;i++)
        printf("%4d",a[i]);
    for(i=1;i<n;i++)
        if(a[p]>a[i])p=i;
    while(p!=0)
    {
        t=a[0];
        for(i=0;i<n-1;i++)
            a[i]=a[i+1];
        a[i]=t;
        p--;
    }
    printf("\n移动后:\n");
    for(i=0;i<n;i++)
        printf("%4d",a[i]);
}
```

拓展与变换 数组元素的移动,还有一种方法,即分别将a[0]~a[3]、a[4]~a[7]、a[0]~a[7]逆置,也可以完成移动。

【例5-4-4】
在数组a中存入n个互不相同的整数,编程找出其中的最小数并将它删除。删除情况如图5-4-6所示。

```
删除前:  44  66  33  22  | 11 |  55  88  77
删除后:  44  66  33  22   55   88  77
```

图5-4-6 数组元素的删除

解题分析 本题主要考查求最小值和数组元素的删除。首先求出数组中最小值的下标p,然后将a[p+1]~a[n-1]分别向前平移一个位置,最后将数组元素个数n减少1。

答案

```
#include<stdio.h>
main()
{
    int i,p=0,t,a[8]={44,66,33,22,11,55,88,77},n=8;
    printf("删除前: ");
    for(i=0;i<n;i++)
        printf("%4d",a[i]);
    for(i=1;i<n;i++)                    //查找最小值
        if(a[p]>a[i])p=i;
    for(i=p;i<n-1;i++)                  //删除最小值
        a[i]=a[i+1];
    n--;                                //删除后,数组元素的个数减少1
    printf("\n删除后: ");
    for(i=0;i<n;i++)
        printf("%4d",a[i]);
}
```

【例5-4-5】 先在数组 a 中存入 n 个互不相同的整数,然后编程找出其中的最小数,并在它的后面插入一个数 x(如 x=50),最后输出插入后的数组。插入情况如图 5-4-7 所示。

```
插入前:  44  66  33  22  11      55  88  77
插入后:  44  66  33  22  11  50  55  88  77
```

图 5-4-7 数组元素的插入

解题分析 本题主要考查求最小值和数组元素的插入。首先求出数组中最小值的下标 p,然后将 a[p+1]～a[n-1]分别向后平移一个位置,接着将要插入的数(如 x=50)插入腾出的存储单元 a[p+1]中,最后将数组元素个数 n 增加 1。

答案

```
#include<stdio.h>
main()
{   int i,p=0,t,a[9]={44,66,33,22,11,55,88,77},n=8,x;
    printf("Input x:");
    scanf("%d",&x);
    printf("插入前: ");
    for(i=0;i<n;i++)
        printf("%4d",a[i]);
    for(i=1;i<n;i++)                    //查找最小值
        if(a[p]>a[i])p=i;
    for(i=n;i>p+1;i--)
        a[i]=a[i-1];
    a[i]=x;                             //将x插入最小值的后面
    n++;                                //插入后,数组元素的个数增加1
    printf("\n插入后: ");
    for(i=0;i<n;i++)
        printf("%4d",a[i]);
}
```

小结：数组元素的插入题目，其一般解题步骤如下。
1. 找到要插入元素的位置 p。
2. 将 a[p+1]～a[n-1]的所有元素分别向后平移一个位置。
3. 将 x 插入 a[p]存储单元中。
4. 数组元素的个数 n 增加 1。

【例 5-4-6】 在 a 数组中存入 n 个互不相同的整数，已按从小到大的顺序排列。现用键盘输入一个数 x（如 x=50）插入该数组中，要求插入后数组仍然有序。插入情况如图 5-4-8 所示。

```
插入前： 11  22  33  44  55  66  77  88
插入后： 11  22  33  44  50  55  66  77  88
```

图 5-4-8　有序数组元素的插入

解题分析 本题可以这样考虑，将 x 与最右边的元素 a[i]（i=n-1）进行比较：

（1）若 x<a[i]，则将 a[i]右移一位，接着将 x 与右边第二个元素 a[i-1]比较，若 x<a[i-1]，则将 a[i-1]右移一位，以此类推。

（2）若 x>=a[i]，则将 x 插入 a[i+1]中，即 a[i+1]= x。

根据上述分析，不难得出答案。

答案

```c
#include<stdio.h>
main()
{
    int i,p=0,t,a[9]={11,22,33,44,55,66,77,88},n=8,x;
    printf("Input x:");
    scanf("%d",&x);
    printf("插入前：");
    for(i=0;i<n;i++)
        printf("%4d",a[i]);
    i=n-1;
    while(x<a[i]&&i>=0)
    {
        a[i+1]=a[i];
        i--;
    }
    a[i+1]=x;
    n++;                         //插入后，数组元素的个数增加1
    printf("\n插入后：");
    for(i=0;i<n;i++)
        printf("%4d",a[i]);
}
```

巩固练习

一、程序阅读题

1.

```
#include<stdio.h>
#define N 11
main()
{
    int i,f[N];
    f[1]=f[2]=1;
    printf("%d\t%d\t",f[1],f[2]);
    for(i=3;i<N;i++)
    {
        f[i]=f[i-1]+f[i-2];
        printf("%d\t",f[i]);
        if(i%5==0)printf("\n");
    }
}
```

程序运行后的结果为_____。

2.

```
#include<stdio.h>
main()
{
    int a[]={3,5,8,4,2,7,6,9},i,t,n,p;
    p=2;
    n=sizeof(a)/sizeof(int);
    while(p!=0)
    {
        t=a[0];
        for(i=0;i<n-1;i++)
            a[i]=a[i+1];
        a[i]=t;
        p--;
    }
    for(i=0;i<n;i++)
        printf("%4d",a[i]);
}
```

程序运行后的结果为_____。

3.

```
#include<stdio.h>
main()
{
    int a[]={3,5,8,4,2,7,6,9},i=0,j,n;
    n=sizeof(a)/sizeof(int);
    while(i<n)
```

```
    {
        if(a[i]%2==0)
        {
            for(j=i;j<n-1;j++)
                a[j]=a[j+1];
            n--;
            i--;
        }
        i++;
    }
    for(i=0;i<n;i++)
        printf("%4d",a[i]);
}
```

程序运行后的结果为_____。

4.
```
#include<stdio.h>
main()
{
    int a[9]={3,5,8,4,2,7,6,9},i=0,j,t,x=1,n=8;
    for(i=0;i<n-1;i++)
        for(j=0;j<n-1-i;j++)
        if(a[j]>a[j+1])
        {
            t=a[j];
            a[j]=a[j+1];
            a[j+1]=t;
        }
    for(i=n-1;i>=0;i--)
        if(x<a[i])a[i+1]=a[i];
        else break;
    a[i+1]=x;
    n++;
    for(i=0;i<n;i++)
        printf("%4d",a[i]);
}
```

程序运行后的结果为_____。

二、程序填空题

5. 下列程序的功能：将数组 a 中的素数复制到数组 b 中，如图 5-4-9 所示。请完善程序。

数组 a：3, 5, 8, 4, 2, 7, 6, 9

数组 b：3, 5, 2, 7

图 5-4-9 数组元素的复制

```
#include<stdio.h>
#include<math.h>
```

```
main()
{
    int a[8]={3,5,8,4,2,7,6,9},b[8],i,j,k=0,n=8;
    printf("复制前: ");
    for(i=0;i<n;i++)
        printf("%3d",a[i]);
    for(i=0;i<n;i++)
    {
        for(j=2;_____;j++)
            if(a[i]%j==0)break;
        if(j>sqrt(a[i]))
            b[_____]=a[i];
    }
    printf("\n复制后: ");
    for(i=0;i<k;i++)
        printf("%3d",_____);
}
```

6. 下列程序的功能：将数组 a 中的奇数删除，如图 5-4-10 所示。请完善程序。

删除前：3，5，8，4，2，7，6，9

删除后：8，4，2，6

图 5-4-10 数组元素的删除

```
#include<stdio.h>
main()
{
    int a[]={3,5,8,4,2,7,6,9},i=0,j,n;
    n=_____;
    while(i<n)
    {
        if(a[i]%2==1)
        {
            for(j=i;j<n-1;j++)
                a[j]=_____;
            n--;
            _____;
        }
        i++;
    }
    for(i=0;i<n;i++)
        printf("%4d",a[i]);
}
```

7. 下列程序的功能：将数组 a 中的数据向右移动 2 个位置，如图 5-4-11 所示。请完善程序。

移动前：3，5，8，4，2，7，6，9

移动后：6，9，3，5，8，4，2，7

图 5-4-11 数组元素的移动

```
#include<stdio.h>
main()
{
    int a[8]={3,5,8,4,2,7,6,9},i,t,n=8,p=2;
    printf("移动前: ");
    for(i=0;i<n;i++)
        printf("%3d",a[i]);
    while(_____)
    {
        t=a[n-1];
        for(_____)
            a[i]=a[i-1];
        _____;
        p--;
    }
    printf("\n移动后: ");
    for(i=0;i<n;i++)
        printf("%3d",a[i]);
}
```

8. 下列程序的功能：把一个整数插入一个已按从小到大顺序排列的数组中，插入后，数组仍然有序。请完善程序。

```
#include<stdio.h>
main()
{
    int a[9]={11,22,33,44,55,66,77,88},i,j,x,n=8;
    for(i=0;i<n;i++)
        printf("%3d",a[i]);
    printf("\nInput a int number:");
    scanf("%d",&x);
    for(i=0;i<n;i++)
    {
        if(x<=a[i])
        {
            for(j=n;_____;j--)
                _____;
            a[j]=x;
            _____;
        }
    }
    if(i==n)a[i]=x;
    for(i=0;i<=n;i++)
        printf("%3d",a[i]);
}
```

三、编程题

9. 随机产生10个两位正整数存入数组 a 中，编程要求将数组 a 中不相同的元素复制到另一数组 b 中并输出。

10. 随机产生 10 个两位正整数存入数组 a 中，编程要求将数组 a 中的最大值移到行首，并保持数组内元素相邻位置不变。

11. 编程将一个升序数组 a（有 M 个元素，如{3,6,9,10,13}）和降序数组 b（有 N 个元素，如{8,7,5,2}）的所有元素按降序次序存放到数组 c 中。

12. 从键盘上输入 10 个整数赋给数组 arr[10]，判断该数组是否对称相等，即 arr[i]是否等于 arr[9-i]（i=0～4）。

13. 数组 a 中有 M 个元素，如{2,6,4,7,8}，数组 b 中有 N 个元素，如{3,5,2,7,9,1}，编程找出既出现在数组 a 中，又出现在数组 b 中的整数赋给数组 c，最后输出数组 c。

14. 数组 a 中有 M 个元素，如{2,6,4,7,8}，数组 b 中有 N 个元素，如{3,5,2,7,9,1}，编程找出不同时出现在数组 a、数组 b 中的元素赋给数组 c。

15. 数组 a 中有 M 个元素，如{2,6,4,7,8}，数组 b 中有 N 个元素，如{3,5,2,7,9,1}，编程将数组 a 中没有出现，数组 b 中出现的元素赋给数组 c。

16. 随机产生 10 个[10，50]之间互不相同的整数存入数组 a 中，编程要求先将该数组前 4 个数升序排列，后 6 个数降序排列，然后再将前 4 个数与后 6 个数交换。要求不引入其他数组，示例如下。

产生的数据为：23，22，20，33，16，48，21，11，30，38
排序后数据为：<u>20，22，23，33</u>，<u>48，38，30，21，16，11</u>
交换后数据为：<u>48，38，30，21，16，11</u>，<u>20，22，23，33</u>

5.5 二维数组的定义及初始化

学习目标

1. 掌握二维数组的定义及初始化方法。
2. 掌握二维数组元素的引用方法。
3. 运用二维数组解决一些基本问题。

内容提要

5.5.1 二维数组的定义

二维数组中数组元素是排成行列形式的一组双下标变量，用一个统一的数组名来标识，第一个下标表示行，第二个下标表示列。行下标和列下标都从 0 开始。

定义二维数组的语句格式如下。

类型说明符 数组名[常量表达式1] [常量表达式2]；

其中类型说明符、数组名的含义和一维数组完全相同。常量表达式 1 表示数组第一维的长度，常量表达式 2 表示数组第二维的长度。二维数组经常用来保存行列式，因此第一维的长度也称行长度，第二维的长度也称列长度。

5.5.2 二维数组初始化

与一维数组类似，在定义二维数组的同时，也可以对其元素进行初始化。通常有以下几种方式。

（1）分行给二维数组所有元素赋初值。例如：

"int a[2][4]={{1,2,3,4},{5,6,7,8}};"。

该语句执行后的数组 a 的各个元素值如下。

a[0][0]=1，a[0][1]=2，a[0][2]=3，a[0][3]=4，

a[1][0]=5，a[1][1]=6，a[1][2]=7，a[1][3]=8。

（2）不分行给二维数组所有元素赋初值。例如：

"int a[2][4]={1,2,3,4,5,6,7,8};"。

该语句执行后，数组 a 的各个元素值同上。

（3）对部分元素赋初值。例如：

"int a[2][4]={{1,2},{5}};"。

该语句执行后的数组 a 的各个元素值为 a[0][0]=1、a[0][1]=2、a[1][0]=5，其余元素值为 0。

（4）若对二维数组所有元素赋初值，则第一维长度可以省略。此时第一维的长度由第二维的长度自动确定。例如：

"int a[][5]={1,2,3,4,5,6,7,8,9,10};" 或 "int a[][5]={{1,2,3,4,5},{6,7,8,9,10}};"。

$$第一维的长度 = \frac{数组元素的个数-1}{第二维的长度}+1$$

因此，上述二维数组 a 的第一维的长度为 2。

5.5.3 二维数组元素的引用

引用形式如下。

数组名[下标表达式1][下标表达式2]

例题解析

【例 5-5-1】 下列程序的功能：随机产生一组数，数值范围为[1,99]，先存入数组 a 中的第一行，然后对数组 a 中的 n 个整数从小到大进行连续编号，编号存入数组 a 中对应数据的第二行，最后输出各个元素的编号。要求不能改变数组 a 中元素的顺序，且相同的整数要具有相同的编号。请完善程序。

若数组 a 中的元素是 5,3,4,7,3,5,6。

则输出为 3,1,2,5,1,3,4，

```
#include<stdio.h>
#include<stdlib.h>
#include<math.h>
main()
{
    int i,j,k,n,m=0,r=1,a[2][100]={0};
```

```
printf("Please enter n:");
scanf("%d",&n);
for(i=0;i<n;i++)
    a[0][i]=rand()%99+1;
while(_____①_____)
{
    for(i=0;i<n;i++)
        if(a[1][i]==0)
            _____②_____;
    k=i;
    for(j=i;j<n;j++)
        if(a[1][j]==0&&a[0][j]<a[0][k])_____③_____;
            a[1][k]=r++;
    m++;
    for(j=0;j<n;j++)
        if(a[1][j]==0&&a[0][j]==a[0][k])
        {
            a[1][j]=a[1][k];
            m++;
        }
}
for(i=0;i<n;i++)
    _____④_____;
}
```

解题分析 本题是一个有关二维数组中元素的排序问题，有一定的难度。在一维数组中排序是重点算法，在二维数组中同样如此，因为二维数组中的每一行或每一列都可以看成一个一维数组。本题可以看成一个变形的选择排序算法。

答案 ① m<n　　② break　　③ k=j　　④ printf("%d,",a[1][i])

【例5-5-2】 将一维数组a[16]中的元素按行顺序存放到二维数组b[4][4]中。

解题分析 根据题意，可以用单循环"for(i=0;i<16;i++)"将一维数组a的元素顺序存入二维数组b中，二维数组b的行下标为i/4，列下标为i%4。

答案

```
#include<stdio.h>
main()
{
    int a[16]={1,2,3,4,5,6,7,8,9,10,11,12,13,14,15,16};
    int b[4][4],i,j;
    for(i=0;i<16;i++)
        b[i/4][i%4]=a[i];
    for(i=0;i<4;i++)
    {
        for(j=0;j<4;j++)
            printf("%4d",b[i][j]);
        printf("\n");
    }
}
```

拓展与变换 本程序采用单循环将一维数组 a 存放到二维数组 b 中，实际上，还可以采用双重循环将一维数组 a 存放到二维数组 b 中。请问程序应如何修改？

【例 5-5-3】 某柜台销售电视机、电冰箱、洗衣机和计算机四种商品，一周的销售量如表 5-5-1 所示。

表 5-5-1　四种商品的一周销售量

周	商品			
	电视机	电冰箱	洗衣机	计算机
周一	5	3	7	6
周二	7	4	5	4
周三	3	7	8	7
周四	8	5	6	7
周五	4	6	7	8
周六	10	8	12	11
周日	13	9	11	15

四种商品的单价如表 5-5-2 所示。

表 5-5-2　四种商品的单价

商品	电视机	电冰箱	洗衣机	计算机
价格/元	2780	2999	2568	3998

编写程序，统计每天的销售额、一周每种商品的销售额及一周四种商品的总销售额。

解题分析 用二维数组 a[7][4] 存放一周四种商品的销售量，用一维数组 b[7] 存放每天的销售额，用一维数组 c[4] 存放一周每种商品的销售额，用一维数组 d[4] 存放每种商品的价格，用简单变量 sum 存放一周的总销售额。本题编程的时候，关键是如何求解每天的销售额和一周每种商品的销售额。

答案

```c
#include<stdio.h>
main()
{
    int a[7][4]={{5,3,7,6},{7,4,5,4},{3,7,8,7},{8,5,6,7},{4,6,7,8},
            {10,8,12,11},{13,9,11,15}};
    int b[7]={0},c[4]={0},d[4]={2780,2999,2568,3998},i,j,sum=0;
    for(i=0;i<7;i++)
    {
        for(j=0;j<4;j++)
        {
            b[i]=b[i]+a[i][j]*d[j];    //计算每天四种商品的销售额
            c[j]=c[j]+a[i][j]*d[j];    //计算一周每种商品的销售额
        }
        sum=sum+b[i];
    }
    printf("每天四种商品的销售额：\n");
```

```
    for(i=0;i<7;i++)
        printf("%d\t",b[i]);
    printf("\n一周每种商品的销售额：\n");
    for(i=0;i<4;i++)
        printf("%d\t",c[i]);
    printf("\n一周四种商品的总销售额：%d\n",sum);
}
```

巩固练习

一、程序阅读题

1.

```
#include<stdio.h>
main()
{
    int aa[4][4]={{1,2,3,4},{5,6,7,8},{3,9,10,2},{4,2,9,6}};
    int i,s=0;
    for(i=0;i<4;i++)
        s+=aa[i][1];
    printf("%d\n",s);
}
```

程序运行后的结果为_____。

2.

```
#include<stdio.h>
main()
{
    int b[3][3]={0,1,2,0,1,2,0,1,2},i,j,t=0;
    for(i=0;i<3;i++)
        for(j=0;j<=i;j++)
            t=t+b[i][b[j][j]];
    printf("t=%d\n",t);
}
```

程序运行后的结果为_____。

3.（真题）

```
#include<stdio.h>
main()
{
    int i,j,t,m=0,a[4][4]={0};
    for(i=0;i<4;i++)
        for(j=0;j<4;j++)
        {
            m++;
            a[i][j]=m;
        }
    printf("The total:%d\n",m);
    for(i=0;i<=3;i++)
```

```
        for(j=i+1;j<=3;j++)
        {
            t=a[i][j];
            a[i][j]=a[j][i];
            a[j][i]=t;
        }
        for(i=0;i<4;i++)
        {
            for(j=0;j<4;j++)
                printf("%4d",a[i][j]);
            printf("\n");
        }
}
```

程序运行后的结果为_____。

4.

```
#include<stdio.h>
#define N 5
main()
{
    int m[N][N]={{-4,4,7,2,5},{8,3,6,9,13},{4,2,9,-7,3},
                {12,6,5,0,11},{4,-1,1,2,12}};
    int i,j,x=0,y=0;
    for(i=0;i<N;i++)
        for(j=0;j<N;j++)
        {
            if(i==N-1-j)x+=m[i][j];
            if(i==j)y+=m[i][j];
        }
    printf("%d,%d",x,y);
}
```

程序运行后的结果为_____。

5.

```
#include<stdio.h>
main()
{
    int a[5][5],i,j,n=1;
    for(i=0;i<5;i++)
        for(j=0;j<5;j++)
            a[i][j]=n++;
    for(i=0;i<5;i++)
    {
        for(j=0;j<=i;j++)
            printf("%4d",a[i][j]);
        printf("\n");
    }
}
```

程序运行后的结果为_____。

6.（真题）
```c
#include<stdio.h>
main()
{
    int a[4][2]={7,14,8,2,3,4,12,3};
    int i,sign[3]={3,1,0};
    printf("This is a test:\n");
    for(i=0;i<3;i++)
    {
        switch(sign[i])
        {
            case 1:printf("%4d+%4d=%4d\n",a[i][0],a[i][1],a[i][0]+a[i][1]);
                break;
            case 2:printf("%4d-%4d=%4d\n",a[i][0],a[i][1],a[i][0]-a[i][1]);
                break;
            case 3:printf("%4d*%4d=%4d\n",a[i][0],a[i][1],a[i][0]*a[i][1]);
                break;
            case 4:printf("%4d/%4d=%4d\n",a[i][0],a[i][1],a[i][0]/a[i][1]);
                break;
            default:printf("Error.\n");
        }
    }
}
```
程序运行后的结果为_____。

二、编程题

7．随机产生 20 个互不相同的二位正整数，赋给 4 行 5 列的二维数组，编程计算该数组最外围各元素的和。

8．某公司一周内各类车辆行驶的路程数如表 5-5-3 所示。

表 5-5-3　某公司一周内各类车辆行驶的路程数

行驶路程/千米	周						
	周一	周二	周三	周四	周五	周六	周日
大型卡车	1600	2300	4000	3600	7500	2400	3200
小型卡车	7500	6300	7200	4600	5900	6000	5500
小汽车	3000	2900	3100	2800	2700	3500	4000

各种车辆的运费如表 5-5-4 所示。

表 5-5-4　各种车辆的运费

车辆	大型卡车	小型卡车	小汽车
运费/（元/千米）	1.6	1.2	0.8

编写程序，求出各类车辆一周的运费总额和全部车辆的运费总额。

9．一个兴趣小组有 5 个学生，每个学生 3 门课程的考试成绩如表 5-5-5 所示。编写程序，求全组各课程的平均成绩和每个学生 3 门课程的平均成绩。

表 5-5-5　兴趣小组的考试成绩表

课程	姓名				
	赵一	钱二	孙三	李四	王五
数学	80	62	79	86	78
语文	75	69	72	76	89
英语	73	79	83	78	87

10. 用键盘任意输入一个整数，计算出 10～50 范围内所有整数与该整数的最大公约数和最小公倍数，并把它们放入一个二维数组中，其中第 1 列（下标为 0）存放该数，第 2 列存放 10～50 范围内的数，第 3 列存放最大公约数，第 4 列存放最小公倍数，并输出这个二维数组的值。

5.6　二维数组的应用——极值、排序和移动

学习目标

1. 掌握二维数组的极值、排序和移动算法。
2. 运用二维数组的极值、排序和移动算法解决一些实际问题。

内容提要

5.6.1　二维数组的极值

二维数组的极值主要是指在一定范围内的最大值和最小值，通常包括每行的最大值（最小值），每列的最大值（最小值），对角线的最大值（最小值），所有元素的最大值（最小值）等。最大值（最小值）的求解类似于一维数组中的求最大值（最小值）。

5.6.2　二维数组的排序

二维数组的排序相对复杂一些，对于一维数组，排序通常使用二重循环完成，而对于二维数组而言，排序一般需要使用三重循环完成。

5.6.3　二维数组的移动

二维数组的移动通常是指将二维数组每行（或每列）的某个元素移到指定位置，如移到行首、行尾、对角线上等。不论将什么元素移到什么位置，一般都要求相邻元素位置不变。

例题解析

【例 5-6-1】　二维数组 a 中的各元素如图 5-6-1 所示，编程找出该数组中的鞍点。所谓鞍点，是指在二维数组中，在该行上最大、在该列上最小的某一元素，如 a[0][4]就是一个鞍点。注意，有的二维数组可能没有鞍点。

1	2	3	4	5
2	3	4	5	6
3	4	5	6	7
4	5	6	7	8

图 5-6-1 二维数组 a 中的各元素

解题分析 先找出一行中最大的元素，然后检查它是否为该列中的最小值，如果是最小值，则是鞍点，并输出该鞍点，如果不是最小值，则再找下一行的最大元素……如果每一行的最大元素都不是所在列的最小值，则此数组无鞍点。

答案

```c
#include<stdio.h>
#define M 4
#define N 5
main()
{
    int i,j,p,b[2]={0};
    int a[M][N]={{1,2,3,4,5},{2,3,4,5,6},{3,4,5,6,7},{4,5,6,7,8}};
    for(i=0;i<M;i++)
    {
        for(j=0;j<N;j++)
            printf("%3d",a[i][j]);
        printf("\n");
    }
    int i,j,p;
    for(i=0;i<M;i++)
    {
        p=0;
        for(j=1;j<N;j++)
            if(a[i][p]<a[i][j])p=j;           //所在行最大
        for(j=0;j<M;j++)
            if(a[j][p]<a[i][p])break;
        if(j>=M)                               //所在列最小
            printf("鞍点存在：a[%d][%d]=%d\n",b[0],b[1],a[b[0]][b[1]]);
    }
}
```

【例 5-6-2】 二维数组 s[N][4]每行分别保存英语、数学、语文、总成绩 4 项数据。现要求按照总分降序输出，程序运行结果如图 5-6-2 所示。下列程序有误，请改正。

```c
#include<stdio.h>
#define N 5
main()
{
    int s[N][4]={{77,101,61,239},{50,60,70,180},{90,80,100,270},
                 {90,90,100,280},{80,100,100,280}};
```

```
    int t,i,j,k,p;
    for(i=0;i<N;i++)
    {
        for(j=0;j<4;j++)
            printf("%4d",s[i][j]);
        printf("\n");
    }
    for(i=0;i<N-1;i++)
    {
        p=i;
        for(j=i+1;j<N;j++)
/*************FOUND****************/
            if(s[3][j]<s[3][p])          //①
                p=j;
/*************FOUND****************/
        if(p!=j)                         //②
        {
            for(k=0;k<4;k++)
            {
                t=s[i][k];
/*************FOUND****************/
                s[p][k]=s[i][k];         //③
                s[p][k]=t;
            }
        }
    }
    printf("\n");
    for(i=0;i<N;++i)
    {
        for(j=0;j<4;++j)
            printf("%4d",s[i][j]);
        printf("\n");
    }
}
```

```
 77 101  61 239
 50  60  70 180
 90  80 100 270
 90  90 100 280
 80 100 100 280

 90  90 100 280
 80 100 100 280
 90  80 100 270
 77 101  61 239
 50  60  70 180
```

图 5-6-2　程序运行结果

解题分析 本题是一个关于二维数组元素的排序问题，采用的是选择法排序。对于一维数组的排序采用的是双重循环，而对于二维数组而言，排序需要三重循环。根据以上分析，错误①处与错误②处与选择法排序有关，改为"if(s[j][3]>s[p][3])"和"if(p!=i)"，错误③处为二维数组元素s[i][k]与s[p][k]交换，应改为"s[i][k]=s[p][k]"。

答案 ① if(s[j][3]>s[p][3])　　　② if(p!=i)　　　③ s[i][k]=s[p][k]

【例 5-6-3】 程序功能：由随机函数产生 30 个互不相同的三位整数放入 5×6 的数组中，找出每行的最小值和最大值，将每行的最小值删除，并将每行的最大值放在该行的第一列中，最后输出数组。阅读下列程序，请完善程序。

```
#include<stdio.h>
#include<math.h>
main()
{
    int b[30],a[5][6],i,j,t,max,min,p1,p2,c=0;
    for(i=0;i<30;i++)
    {
         ①    ;
        for(j=0;j<i;j++)
            if(b[j]==b[i])
            {
                break;i--;
            }
    }
    for(i=0;i<5;i++)
        for(j=0;j<6;j++)
            a[i][j]=b[c++];
    for(i=0;i<5;i++)
    {
        for(j=0;j<6;j++)
            printf("%d\t",a[i][j]);
        printf("\n");
    }
    for(i=0;i<5;i++)
    {
        /*求最大值和最小值*/
        max=a[i][0];p1=0;
        min=a[i][0];p2=0;
        for(j=1;j<6;j++)
        {
            if(a[i][j]>max)
            {
                max=a[i][j];
                p1=j;
            }
            if(a[i][j]<min)
            {
                  ②
            }
        }
```

```
            /*删除最小值*/
            for(j=p2;j<5;j++)
                      ③      ;
            /*移动最大值*/
            while(a[i][0]!=max)
            {
                t=a[i][0];
                       ④
                a[i][j]=a[i][j+1];
                a[i][j]=t;
            }
    }
    for(i=0;i<5;i++)
    {
        for(j=0;j<5;j++)
              printf("%d\t",a[i][j]);
        printf("\n");
    }
}
```

解题分析 本题将最值问题与移动算法综合在了一起。在二维数组中最值算法与移动算法是重点，但难度不高。二维数组中产生互不相同的整数，通过一维数组转换则较容易实现，因此①处填 "b[i]=rand()%900+100" 确定最小值及其位置；②处填 "min=a[i][j];p2=j;"；行上的最小值位置确定后，根据题意要删除它，因此③处填 "a[i][j]=a[i][j+1]"；将最大值移到行的首列位置，因此④处填 "for(j=0;j<4;j++);" 或 "for(j=0;j<=3;j++);"。

答案 ① b[i]=rand()%900+100　　② min=a[i][j];p2=j;
③ a[i][j]=a[i][j+1]　　　　　④ for(j=0;j<4;j++);或 for(j=0;j<=3;j++);

【例5-6-4】　编写程序，找出如图5-6-3所示的二维数组a[4][4]中每行元素的最大值，将该元素的列下标存入数组n中，即第0行元素最大值的列下标存入n[0]，…，第3行元素最大值的列下标存入n[3]，并将该元素移到该行首列，要求移动后该元素与该行其他元素的相对位置不变。

例如，数组a中的初始元素如下。

-2	13	6	9
25	4	0	11
-8	3	10	16
4	7	5	20

经过处理后数组a中的元素如下。

13	6	9	-2
25	4	0	11
16	-8	3	10
20	4	7	5

图5-6-3　二维数组中每行最大值移到行首

解题分析 本题主要涉及两个常见算法，即求最大值和数组元素移动，但难度不大。用n[i]

存放每行最大值的列下标。将每行的最大值移到行首，可以通过不断判断 n[i]是否为 0 来实现，移动的过程可以采用向左移完成。通过上述分析，不难编写出本题程序。

答案

```c
#include<stdio.h>
#include<stdlib.h>
#define N 4
main()
{
    int i,j,n[N],p;
    int a[N][N]={{-2,13,6,9},{25,4,0,11},{-8,3,10,16},{4,7,5,20}};
    for(i=0;i<N;i++)
    {
        p=0;
        for(j=1;j<N;j++)
        {
            if(a[i][p]<a[i][j])
                p=j;
            n[i]=p;
        }
    }
    for(i=0;i<N;i++)
    {
        while(n[i]!=0)
        {
            p=a[i][0];
            for(j=0;j<N-1;j++)
                a[i][j]=a[i][j+1];
            a[i][j]=p;
            n[i]--;
        }
    }
    for(i=0;i<N;++i)
    {
        for(j=0;j<N;++j)
            printf("%d\t",a[i][j]);
        printf("\n");
    }
}
```

巩固练习

一、程序阅读题

1.
```c
#include<stdio.h>
#define N 3
main()
```

程序运行后的结果为__32,1,1__。

2.
程序运行后的结果为__0 1 2 / 0 1 2 / 1 2 3__（即：
```
    0    1    2
    0    1    2
    1    2    3
```
）。

二、程序填空题

3. 下列程序的功能：求一个二维数组中每列的最小值和每列的和，输出该数组及所求项。请完善程序。

```
    for(i=0;i<N;i++)
        for(j=0;j<N;j++)
            scanf("%d",&a[i][j]);
    for(j=0;j<N;j++)
    {
        k=a[0][j];
        _____;
        for(i=0;i<N;i++)
        {
            if(k>a[i][j])_____;
            s+=a[i][j];
        }
        b[j]=k;
        _____;
    }
    for(i=0;i<N;i++)
    {
        for(j=0;j<N;j++)
            printf("%5d",_____);
        printf("\n");
    }
    printf("每列最小值:\n");
    for(i=0;i<N;i++)
        printf("%5d",b[i]);
    printf("\n每列的和:\n");
    for(i=0;i<N;i++)
        printf("%5d",c[i]);
}
```

4. (真题改编) 下列程序的功能：数组 grade 中存放着某班同学（以 4 名同学为例）的学号和语文、数学、英语成绩，存放的数据如表 5-6-1 所示。程序先计算总分，然后按照成绩由高到低排名，并按名次输出结果。成绩排名的规则：先按总分排名；若总分相同，则按语文成绩排名；若语文成绩相同，则按数学成绩排名；若数学成绩仍相同，则排名相同。请完善程序。

表 5-6-1 某班同学数据

学号	总分	语文	数学	英语
2018101		90	88	78
2018188		79	89	66
……		……	……	……

```
#include<stdio.h>
#include<string.h>
#include<stdlib.h>
#define D_SIZE 4
main()
{
    int grade[D_SIZE][5]={0};
```

```
    int i,j,k,tmp,p;
    printf("Input number & grade:");
    for(i=0;i<D_SIZE;i++)
    {   scanf("%d",_____);
        for(j=2;j<5;j++)
        {
            scanf("%d",&grade[i][j]);
            grade[i][1]=_____;
        }
    }
    //排名
    for(i=0;i<D_SIZE-1;i++)
    {   p=i;
        for(j=i+1;j<D_SIZE;j++)
        {
            _____;
            while(grade[p][k]==grade[j][k]&&k<=3)k++;
            if(k<=3)
                if(grade[p][k]<grade[j][k])p=j;
        }
        if(_____)
            for(k=0;k<5;k++)
            {
                tmp=grade[i][k];
                grade[i][k]=grade[p][k];
                grade[p][k]=tmp;
            }
    }
    //按名次输出
    for(i=0;i<D_SIZE;i++)
        printf("%d\t%d\n",grade[i][0],grade[i][1]);
}
```

三、编程题

5. 建立一个3行4列的二维数组a[3][4]，并用键盘给数组元素赋值，编程要求将每一行的最大值及其位置存放在另一个数组b[3][3]中，下标0列存放最大值，下标1列存放行下标，下标2列存放列下标。输出显示数组a和数组b。

6. 用键盘任意输入一个4行5列的二维数组元素，编程分别计算出各行的和及各列的和。

7. 建立一个4行5列的二维数组并用键盘输入该数组元素的值，编程将每行元素由大到小排序，最后输出数组。

8. 先用键盘任意输入一个4行5列的二维数组并输出，然后按要求完成如下移动操作：将每一列的最大值移至主对角线上，且保持该列各数相邻顺序不变，假设每列的最大值只有一个。

9. 统计选票：有3个候选人，编号分别为1、2、3。设有20个选举人，有20张选票，数字1、2、3表示相应候选人得1票，若编号不在1～3范围的选票作废票处理，不予累计，请显示 3 个候选人的得票数。20 张选票分别为 1、3、1、2、3、4、0、1、2、3、2、3、1、2、1、1、1、2、1、2。

5.7 二维数组的应用二——矩阵操作

学习目标

1. 掌握矩阵相加、相减和相乘运算。
2. 掌握矩阵转置操作和矩阵旋转操作。

内容提要

5.7.1 矩阵运算

矩阵运算主要包括矩阵相加、矩阵相减和矩阵相乘运算。在 C 语言中，矩阵操作用二维数组处理。

（1）矩阵相加（减）运算的实质是相对应位置的元素值相加（减）。矩阵相加要求两数组行相等、列相等。若数组 a 为 m1×n1，数组 b 为 m2×n2，则要求 m1=m2，n1=n2。

（2）矩阵相乘运算比较复杂，从线性代数可知，只有当矩阵 *a* 的列数等于矩阵 *b* 的行数时，两矩阵才能相乘。在 C 语言中，矩阵可用二维数组表示。若数组 a 为 m1×n1，数组 b 为 m2×n2，则要求 n1=m2。

数组 a 与数组 b 相乘的公式如下。

$$c_{ij} = \sum_{k=1}^{n} a_{ik} b_{kj}$$

5.7.2 矩阵转置和矩阵旋转

矩阵转置也就是行列互换。矩阵旋转有逆时针旋转 90°、逆时针旋转 180°、顺时针旋转 90°和顺时针旋转 180°等情况。

例题解析

【例 5-7-1】 编程求矩阵 *a* 和 *b* 的和 *c*。

设：矩阵 $a = \begin{bmatrix} 21 & 42 & 62 \\ 13 & 18 & 22 \\ 22 & 14 & 33 \end{bmatrix}$, $b = \begin{bmatrix} -12 & 14 & 13 \\ 23 & 31 & 22 \\ 21 & 18 & 16 \end{bmatrix}$

解题分析 本题是一个关于矩阵相加的问题。可以先定义 3 个二维数组，分别存放 *a*、*b*、*c* 三个矩阵元素。两矩阵相加，就是两个数组相对应的位置元素相加，即 c[i][j]=a[i][j]+b[i][j]。

答案

```
#include<stdio.h>
```

```
main()
{
    int a[3][3]={{21,42,62},{13,18,22},{22,14,33}};
    int b[3][3]={{-12,14,13},{23,31,22},{21,18,16}};
    int c[3][3],i,j;
    printf("输出a数组:\n") ;
    for(i=0;i<3;i++)
    {   for(j=0;j<3;j++)
            printf("%4d",a[i][j]);
        printf("\n");
    }
    printf("输出b数组:\n") ;
    for(i=0;i<3;i++)
    {   for(j=0;j<3;j++)
            printf("%4d",b[i][j]);
        printf("\n");
    }
    for(i=0;i<3;i++)
        for(j=0;j<3;j++)
            c[i][j]=a[i][j]+b[i][j];
    printf("输出c数组:\n") ;
    for(i=0;i<3;i++)
    {   for(j=0;j<3;j++)
            printf("%4d",c[i][j]);
        printf("\n");
    }
}
```

【例 5-7-2】 编程求矩阵 *a* 和 *b* 的乘积 *c*。

设：矩阵 $a = \begin{bmatrix} 21 & 42 & 62 \\ 13 & 18 & 22 \\ 22 & 14 & 33 \end{bmatrix}$，$b = \begin{bmatrix} -12 & 14 & 13 \\ 23 & 31 & 22 \\ 21 & 18 & 16 \end{bmatrix}$

解题分析 本题是一个关于矩阵相乘的问题。可以先定义3个二维数组，分别存放 *a*、*b*、*c* 三个矩阵元素。两矩阵相乘，比较复杂，每个元素的求解使用公式 $c_{ij}=\sum_{k=1}^{n}a_{ik}b_{kj}$，即

c[0][0]=a[0][0]*b[0][0]+a[0][1]*b[1][0]+a[0][2]*b[2][0]

c[0][1]=a[0][0]*b[0][1]+a[0][1]*b[1][1]+a[0][2]*b[2][1]

c[0][2]=a[0][0]*b[0][2]+a[0][1]*b[1][2]+a[0][2]*b[2][2]

c[1][0]=a[1][0]*b[0][0]+a[1][1]*b[1][0]+a[1][2]*b[2][0]

……

c[2][2]=a[2][0]*b[0][2]+a[2][1]*b[1][2]+a[2][2]*b[2][2]

答案

```
#include<stdio.h>
main()
{
```

```
int a[3][3]={{21,42,62},{13,18,22},{22,14,33}};
int b[3][3]={{-12,14,13},{23,31,22},{21,18,16}};
int c[3][3]={0},i,j,k;
for(i=0;i<3;i++)
    for(j=0;j<3;j++)
        for(k=0;k<3;k++)
            c[i][j]=c[i][j]+a[i][k]*b[k][j];
printf("输出c数组:\n") ;
for(i=0;i<3;i++)
{   for(j=0;j<3;j++)
        printf("%6d",c[i][j]);
    printf("\n");
}
}
```

【例5-7-3】 编程将矩阵 a（m·n）逆时针旋转90°，打印输出旋转前后的矩阵。

设：矩阵 $a = \begin{bmatrix} 2 & 4 & 6 & 8 \\ 1 & 3 & 5 & 7 \\ 3 & 4 & 5 & 6 \end{bmatrix} \xrightarrow{旋转后} b = \begin{bmatrix} 8 & 7 & 6 \\ 6 & 5 & 5 \\ 4 & 3 & 4 \\ 2 & 1 & 3 \end{bmatrix}$

解题分析 本题主要考查对矩阵旋转方面知识的掌握。旋转类的题目，其基本算法是从旋转前后的数组中元素的位置找出两个数组之间的关系，即

b[0][0]=a[0][3]　　b[0][1]=a[1][3]　　b[0][2]=a[2][3]
b[1][0]=a[0][2]　　b[1][1]=a[1][2]　　b[1][2]=a[2][2]
b[2][0]=a[0][1]　　b[2][1]=a[1][1]　　b[2][2]=a[2][1]
b[3][0]=a[0][0]　　b[3][1]=a[1][0]　　b[3][2]=a[2][0]

通过上述分析，可以归纳出数组 a 元素和数组 b 元素之间的关系为 b[i][j]=a[j][N-1-i]。

答案

```
#include<stdio.h>
#define M 3
#define N 4
main()
{
    int a[M][N]={{2,4,6,8},{1,3,5,7},{3,4,5,6}};
    int b[N][M],i,j;
    printf("输出a数组:\n") ;
    for(i=0;i<M;i++)
    {   for(j=0;j<N;j++)
            printf("%6d",a[i][j]);
        printf("\n");
    }
    for(i=0;i<N;i++)
        for(j=0;j<M;j++)
            b[i][j]=a[j][N-1-i];
    printf("输出b数组:\n") ;
```

```
        for(i=0;i<N;i++)
        {   for(j=0;j<M;j++)
                printf("%6d",b[i][j]);
            printf("\n");
        }
}
```

巩固练习

一、程序阅读题

1.
```
#include<stdio.h>
main()
{
    int aa[4][4],i,j;
    for(i=0;i<4;i++)
        for(j=0;j<4;j++)
            aa[i][j]=3*i+j;
    for(i=0;i<4;i++)
    {
        for(j=0;j<4;j++)
            printf("%4d",aa[j][i]);
        printf("\n");
    }
}
```
程序运行后的结果为_____。

2.
```
#include<stdio.h>
main()
{
    int a[3][3]={11,12,13,14,15,16,17,18,19},i,j;
    int b[2][2]={21,22,23,24},c[3][3];
    for(i=0;i<3;i++)
        for(j=0;j<3;j++)
            if(i>=2||j>=2)
                c[i][j]=a[i][j];
            else
c[i][j]=a[i][j]+b[i][j];
    for(i=0;i<3;i++)
    {
        for(j=0;j<3;j++)
            printf("%4d",c[i][j]);
        printf("\n");
    }
}
```
程序运行后的结果为_____。

3.
```
#include<stdio.h>
```

```
main()
{
   int a[2][3]={{1,2,3},{4,5,6}};
   int b[3][2]={{2,3},{4,5},{6,7}};
   int c[2][2]={0},i,j,k;
   for(i=0;i<2;i++)
       for(j=0;j<2;j++)
           for(k=0;k<3;k++)
               c[i][j]=c[i][j]+a[i][k]*b[k][j];
   printf("c数组:\n") ;
   for(i=0;i<2;i++)
   {   for(j=0;j<2;j++)
           printf("%6d",c[i][j]);
       printf("\n");
   }
}
```

程序运行后的结果为_____。

二、程序填空题

4. 下列程序的功能：先将随机产生的 12 个[10，99]范围内二位整数赋给矩阵 *a*，然后将矩阵 *a* 顺时针旋转 180°变成矩阵 *b*。请完善程序。

```
#include<stdio.h>
#include<stdlib.h>
#include<time.h>
#define M 3
#define N 4
main()
{
   int a[M][N],b[M][N],i,j;
   srand(time(0));
   for(i=0;i<M;i++)
       for(j=0;j<N;j++)
           a[i][j]=_____;
   printf("输出a数组:\n") ;
   for(i=0;i<M;i++)
   {   for(j=0;j<N;j++)
           printf("%6d",a[i][j]);
       printf("\n");
   }
   for(i=0;i<M;i++)
       for(j=0;j<N;j++)
           b[i][j]=_____;
   printf("输出b数组:\n") ;
   for(i=0;i<M;i++)
   {   for(j=0;j<N;j++)
           printf("%6d",b[i][j]);
       printf("\n");
   }
}
```

三、编程题

5. 有两个3行4列的二维矩阵 *a* 和 *b*，其元素的值由键盘输入，将 *a* 和 *b* 相减，编程输出相减之后的矩阵 *c*。

6. 有一个2行3列的二维矩阵 *a* 和一个3行4列的二维矩阵 *b*，其元素的值用键盘输入，将 *a* 和 *b* 相乘，编程输出相乘之后的矩阵 *c*。

7. 利用随机函数产生一个3行4列的二维矩阵，矩阵中各元素的值在[8，20]范围内，编程输出该矩阵及它的转置矩阵。

8. 随机产生12个二位正整数赋给一个3行4列的二维矩阵 *a*，将二维矩阵 *a* 顺时针转90°变成矩阵 *b*，二维矩阵 *a* 顺时针转180°变成矩阵 *c*，编程输出旋转前后的矩阵 *a*、*b*、*c*。

5.8 二维数组的应用三——矩阵构成

学习目标

1. 掌握二维数组中的行列关系。
2. 学会分析矩阵规律，并利用二维数组实现矩阵构造。
3. 掌握使用二维数组构造矩阵的一般方法。

内容提要

二维数组中的行列关系如图5-8-1所示，将二维数组划分为6个部分：

① 主对角线，行列下标关系为"i==j;"。
② 副对角线，行列下标关系为"i+j==n-1;"。
③ 行列下标关系为"i<j&&i+j<n-1;"。
④ 行列下标关系为"i>j&&i+j<n-1;"。
⑤ 行列下标关系为"i>j&&i+j>n-1;"。
⑥ 行列下标关系为"i<j&&i+j>n-1;"。

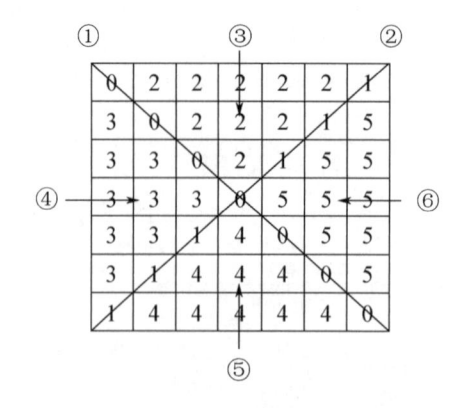

图5-8-1 二维数组中的行列关系

可以通过以下程序实现如图 5-8-1 所示的矩阵。

```c
#include<stdio.h>
main()
{
    int a[7][7]={0},i,j,n=7;
    for(i=0;i<n;i++)              //给各部分数组元素赋值
        for(j=0;j<n;j++)
        if(i+j==n-1&&i!=j)a[i][j]=1;
        else if(i<j&&i+j<n-1)a[i][j]=2;
        else if(i>j&&i+j<n-1)a[i][j]=3;
        else if(i>j&&i+j>n-1)a[i][j]=4;
        else if(i<j&&i+j>n-1)a[i][j]=5;
    for(i=0;i<n;i++)              //输出二维数组
    {
        for(j=0;j<n;j++)
            printf("%4d",a[i][j]);
        printf("\n");
    }
}
```

例题解析

【例 5-8-1】 编写程序输出如图 5-8-2 所示的图形。

1	1	1	1	1
6	5	4	3	2
1	1	1	1	1
7	8	9	10	11

图 5-8-2 输出图形

解题分析 本题主要考查矩阵构成问题，通过观察，找出其中的规律。对于偶数行上的元素，元素值赋 1，对于奇数行上的元素，分两种情况：① 若行加 1 的值能被 4 整除，则元素值递增；② 若行加 1 的值不能被 4 整除，则元素值递减。另外，还要考虑奇数行的赋值顺序。

答案

```c
#include<stdio.h>
main()
{
    int i,j,k=2,a[4][5],f=1;
    for(i=0;i<4;i++)
    {
        for(j=0;j<5;j++)
            if(i%4==2)
                a[i][j]=1;
            else if(f%2==0)
                a[i][4-j]=k++;
            else
```

137

```
            a[i][j]=k++;
        f++;
    }
    for(i=0;i<4;i++)
    {
        for(j=0;j<5;j++)
            printf("%4d",a[i][j]);
        printf("\n");
    }
}
```

【例 5-8-2】 编写程序输出如图 5-8-3 所示的 4×4 螺旋方阵。

1	12	11	10
2	13	16	9
3	14	15	8
4	5	6	7

图 5-8-3 4×4 螺旋方阵

解题分析 本题主要考查矩阵构成问题，通过观察，找出其中的规律。若 n 为奇数，增加 "a[n/2][n/2]=n*n;" 语句。外循环控制层数 n/2，内循环控制每个分组的个数。外层每组 3(n-1) 个数，按逆时针方向分成 4 个组：1~3 一组（行加 1，列不变）、4~6 一组（行不变，列加 1）、7~9 一组（行减 1，列不变）、10~12 一组（行不变，列减 1）。内层每组 1 个数，按逆时针方向分成 4 个组：13 一组、14 一组、15 一组、16 一组。通过以上分析，不难得出答案。

答案

```c
#include<stdio.h>
#define N 4
main()
{
    int i,j,k=1,a[N][N];
    if(N/2==1)a[N/2][N/2]=N*N;
    for(i=0;i<N/2;i++)
    {
        for(j=i;j<N-1-i;j++)
            a[j][i]=k++;
        for(j=i;j<N-1-i;j++)
            a[N-1-i][j]=k++;
        for(j=N-1-i;j>i;j--)
            a[j][N-1-i]=k++;
        for(j=N-1-i;j>i;j--)
            a[i][j]=k++;
    }
    for(i=0;i<N;i++)
    {
        for(j=0;j<N;j++)
            printf("%4d",a[i][j]);
```

```
        printf("\n");
    }
}
```

【例 5-8-3】 编写程序输出如图 5-8-4 所示的 3 阶魔方阵。

```
8   1   6
3   5   7
4   9   2
```

图 5-8-4　3 阶魔方阵

解题分析 本题主要考查矩阵构成问题。魔方阵的规律如下。

（1）将数字 1 放在第一行中间。

（2）从数字 2 开始直到 n×n 止，各数依次按下列规则存放：每一个数存放的行数比前一个数的行数减 1，列数加 1。例如，5 在 4 的上一行后一列。

若上一个数的行数为 0，则下一个数的行数为 n-1（最后一行）。例如，1 在第一行，则 2 应放在最后一行，列数同样加 1。

（3）当一个数的列数为 n-1 时，下一个数的列数应为 0，行数同样减 1。例如，2 在 2 行 2 列（最后一列），则 3 应放在 1 行 0 列。

当一个数为 n 的倍数加 1 时，则该数应放在 n 的倍数的下面，如 4、7 应放在 3、6 的下面，即行数加 1，列数不变。

答案

```c
#include<stdio.h>
#define N 9
main()
{
    int a[N][N],i,j,p,q,n,m;
    printf("Input n:",&n);
    do
        scanf("%d",&n);
    while(n<3||n>9||n%2==0);
    i=0,j=n/2;
    a[i][j]=1;
    for(m=2;m<=n*n;m++)
    {
        if((m-1)%n==0)
            i++;
        else
        {
            i--;
            j=(j+1)%n;
            if(i==-1)i=n-1;
        }
        a[i][j]=m;
    }
    for(i=0;i<n;i++)
    {
```

```
        for(j=0;j<n;j++)
            printf("%4d",a[i][j]);
        printf("\n");
    }
}
```

【例5-8-4】 编写程序输出如图5-8-5所示的5×5三角阵。

```
11
 7   12
 4    8   13
 2    5    9   14
 1    3    6   10   15
```

图5-8-5 5×5三角阵

解题分析 本题主要考查矩阵构成问题。三角阵有不同的排列方式：左下角、左上角、右上角、右下角。本题是左下角排列方式，它排列的规律如下。

（1）将1~15分成5组。第1组为1（1个数），第2组为2和3（2个数），第3组为4~6（3个数），第4组为7~10（4个数），第5组为11~15（5个数）。用外循环 for(i=0;i<n;i++) 控制组数，用内循环 for(j=0;j<=i;j++) 控制每组元素的个数。

（2）每组第1个数从0列开始，其他数都是在上一个数的右下角（行加1，列加1）。

（3）用一个变量（如k++）给数组元素赋值。

答案

```
#include<stdio.h>
#define N 5
main()
{
    int a[N][N],i,j,m,n,k=1;
    for(i=0;i<5;i++)
    {
        m=N-1-i;                    //每组行初始位置
        n=0;                        //每组列初始位置
        for(j=0;j<=i;j++)
            a[m++][n++]=k++;        //行加1，列加1
    }
    for(i=0;i<n;i++)
    {
        for(j=0;j<=i;j++)
            printf("%4d",a[i][j]);
        printf("\n");
    }
}
```

巩固练习

一、程序阅读题

1.
```c
#include<stdio.h>
main()
{
    int a[5][5],i,j;
    for(i=0;i<5;i++)
        a[0][i]=i+1;
    for(i=1;i<5;i++)
        for(j=0;j<5;j++)
            a[i][j]=a[i-1][(j+1)%5];
    for(i=0;i<5;i++)
    {
        for(j=0;j<5;j++)
            printf("%4d",a[i][j]);
        printf("\n");
    }
}
```
程序运行后的结果为_____。

2.
```c
#include<stdio.h>
main()
{
    int a[5][5],i,j,k=1;
    for(i=0;i<5;i++)
        for(j=0;j<5;j++)
        {
            if(i==j)
                a[i][j]=k++;
            else if(i<j)
                a[i][j]=1;
            else
                a[i][j]=2;
        }
    for(i=0;i<5;i++)
    {
        for(j=0;j<5;j++)
            printf("%4d",a[i][j]);
        printf("\n");
    }
}
```
程序运行后的结果为_____。

二、程序填空题

3. 下列程序的功能：输出如图5-8-6所示的矩阵图形。请在下列横线处填写合适的内容以完善程序。

```
#include<stdio.h>
main()
{
    int a[4][4],i,j,n=4,k=1;
    for(i=0;i<n;i++)
        for(j=0;j<n;j++)
            if(_____)
                a[j][i]=k++;
            else
                a[_____][i]=k++;
    for(i=0;i<n;i++)
    {
        for(j=0;j<n;j++)
            printf("%4d",a[i][j]);
        printf("\n");
    }
}
```

```
 1   8   9  16
 2   7  10  15
 3   6  11  14
 4   5  12  13
```

图 5-8-6 矩阵图形

4. 下列程序的功能：输出如图5-8-7所示的矩阵图形。请在下列横线处填写合适的内容以完善程序。

```
#include<stdio.h>
main()
{
    int a[5][5],i,j,n=5,k=2;
    a[n/2][n/2]=0;
    for(i=0;i<n/2;i++)
    {
        for(j=i;j<n-1-i;j++)
            a[j][i]=k;
        for(j=i;j<n-1-i;j++)
            a[_____][j]=k;
        for(j=n-1-i;j>i;j--)
            a[j][n-1-i]=k;
        for(j=n-1-i;j>i;j--)
            a[i][j]=k;
        _____;
    }
    for(i=0;i<n;i++)
```

```
    {
        for(j=0;j<n;j++)
            printf("%4d",a[i][j]);
        printf("\n");
    }
}
```

```
2 2 2 2 2
2 1 1 1 2
2 1 0 1 2
2 1 1 1 2
2 2 2 2 2
```

图 5-8-7　矩阵图形

三、编程题

5. 编写程序输出如图 5-8-8 所示的矩阵图形。

```
1 2 3 4 5
1 2 3 4 5
1 1 3 4 5
1 1 1 4 5
1 1 1 1 5
```

图 5-8-8　矩阵图形

6. 编写程序输出如图 5-8-9 所示的矩阵图形。

```
            9
          8 7
        6 5 4
      3 2 1 0
```

图 5-8-9　矩阵图形

7. 编写程序输出如图 5-8-10 所示的 5×5 三角阵。

```
15 10  6  3  1
   14  9  5  2
      13  8  4
         12  7
            11
```

图 5-8-10　5×5 三角阵

8. 编写程序输出如图 5-8-11 所示的 4×4 螺旋方阵。

```
 1  2  3  4
12 13 14  5
11 16 15  6
10  9  8  7
```

图 5-8-11　4×4 螺旋方阵

第6章

字符数组、字符串与字符串函数

考纲要求

★ 掌握字符数组的定义和使用。
★ 掌握字符串的概念和应用。
★ 掌握字符串函数。
★ 运用字符数组和字符串知识解决一些实际问题。

6.1 字符数组与字符串

学习目标

1. 掌握字符、字符串的定义和使用。
2. 掌握字符数组的定义和引用。
3. 掌握利用字符数组存储字符串的方法。

内容提要

6.1.1 字符、字符串和字符数组

字符、**字符串和字符数组**是字符型数据中的三个重要概念，必须牢固掌握。

1. 字符

在 C 语言中，**字符**分为字符常量和字符变量。

（1）字符常量是用一对单引号（' '）括起来的一个字符。字符常量的表示方法有两种：

① 用单引号括起来的普通字符，如'a'、'A'和'0'等。

② 用单引号括起来并以"\"开头的转义字符，如'\n'、'\t'、'\101'、'\x41'和'\0'等。

（2）字符变量是指值为单个字符的变量。字符变量在内存中占一字节，只能存放一个字符，该字符可以是 ASCII 字符集中的任何字符。当把字符存入字符变量时，字符变量的值就是该字符的 ASCII 值。

2. 字符串

一串字符称为**字符串**。在 C 语言中，字符串是指字符串常量。它是用一对双引号（" "）括起来的字符序列，如"hello!"、"A"和"Abc123"等。

注意 比较一下'a'与"a"的异同点，"a"也是一个字符串，"a"包含字符'a'和'\0'。

C 语言中没有专门存放字符串的变量，字符串的存储和操作依赖于**字符数组**。在实际应用中，人们一般关心的是有效字符串的长度而不是其所定义的数组长度（如一个字符数组定义的长度为 50 而实际存放的有效字符串的长度为 30），用字符'\0'作为字符串的结束标志。'\0'占用内存空间，但不计入字符串的长度。例如，"hello!"是一个字符串常量，该字符串共有 6 个字符，所以它的长度为 6，而它在内存中占用了 7 字节，因为后面还有一个字符'\0'（C 语言编译系统会自动在字符串后面添加一个字符'\0'）。

注意 字符'\0'为字符串的结束标志，是一个转义字符，称为"空值"，'\0'的 ASCII 码值为 0。在新建一个字符串时，结尾要加一个'\0'。

3. 字符数组

字符数组是用来存放字符的数组，也就是说字符数组的每个元素存储一个字符，用一个字符数组存放一个字符串，图 6-1-1 所示为字符数组"Chinese"。字符数组与字符串有着密切的关系，它们之间既有联系，又有区别。字符串是一种特殊的字符数组。

| C | h | i | n | e | s | e | \0 |

图 6-1-1 字符数组 "Chinese"

注意 字符数组一般是指一维数组。如果是二维数组，我们一般称为字符串数组或二维字符数组。

6.1.2 字符数组的定义、引用和赋值

1. 字符数组的定义和引用

字符数组的定义和引用方式与数值型数组类似。

（1）字符数组的定义。

char 数组名[常量表达式];

例如，"char s[10];"。

（2）字符数组元素的引用。

引用第 i 个元素的方式为 s[i-1]。

例如，s[0]、s[1]等。

2. 字符数组的赋值

字符数组的赋值方法很多，常用的方法有字符数组初始化、逐个字符输入和字符串整体输入。

（1）字符数组初始化。

方式一为 "char s[10]={'h','e','l','l','o','!'};"。

方式二为 "char s[10]={"hello!"};" 或 "char s[10]="hello!";"。

上述情况，均可省略字符数组长度 10，即

方式一可变为 "char s[]={'h','e','l','l','o','!'};"。

方式二可变为 "char s[]={"hello!"}; 或 char s[]="hello!";"。

注意 采用方式二定义字符数组时，若省略字符数组长度，则字符数组的实际长度为字符串长度加 1。

（2）逐个字符输入，最后人工补 '\0'。

方式一：

  for(i=0;i<n;i++)
  s[i]=getchar();
  s[n]='\0';   //人为在末尾加上字符串结束标志 '\0'

方式二：

  for(i=0;i<n;i++)
  scanf("%c",&s[i]);
  s[n]='\0';   //人为在末尾加上字符串结束标志 '\0'

（3）字符串整体输入（常用的方法）。

方式一为 "gets(s);"。

方式二为 "scanf("%s",s);"。

注意 scanf() 与 gets() 两个函数的区别：scanf() 函数一次可输入多个字符串，但输入的字符串中不能包含空格；gets() 函数一次只能输入一个字符串，该字符串可以包含空格。

3．字符数组的输出

（1）逐个字符输出。

方式一：

    for(i=0;i<n;i++)

      putchar(s[i]);

方式二：

    for(i=0;i<n;i++)

      printf("%c",s[i]);

（2）字符串整体输出（最常用的方法）。

方式一为"puts(s);"。

方式二为"printf("%s",s);"。

6.1.3 字符串数组

字符串数组就是数组中的每个元素又是一个存放字符串的字符数组。例如，"char str[3][6]={"AAA","BBBB","CC"};"。

字符串数组 str 共有 3 个元素，每个元素又可以存放 6 个字符。在定义字符串数组时就可以给它赋初值。二维字符数组的第一个下标决定了字符串的个数，第二个下标决定了字符串的最大长度。在内存中，3 个字符串在数组 str 中的存储情况如图 6-1-2 所示。

A	A	A	\0	\0	\0
B	B	B	B	\0	\0
C	C	\0	\0	\0	\0

图 6-1-2　3 个字符串在数组 str 中的存储情况

例题解析

【例 6-1-1】 输入一段由英文字母和其他字符组成的字符串，编程统计这段字符串中 26 个英文字母和其他字符出现的次数，其中英文字母不区分大小写，非英文字母的字符都作为其他字符。

解题分析 本题主要考查如何统计一个字符串中各字符（含非字母字符）的个数。我们可以定义一个整型数组 num[27]存放结果，其中 num[0]~num[25]存放字母 A(a)~Z(z)的个数，num[26]存放其他字符的个数。此题采用穷举法，对字符串中的每个字符逐个判断。当 str[i]为大写字母时，num[str[i]-'A']中的下标表达式 str[i]-'A'的取值范围为 0~25，正好对应统计字母'A'~'Z'的数组元素下标；当 str[i]为小写字母时，num[str[i]-'a']中下标表达式 str[i]-'a'的取值范围为 0~25，正好对应统计字母'a'~'z'的数组元素下标；当 str[i]为其他字符时，统计的结果存入 num[26]中。

答案

```
#include<stdio.h>
main()
{
    char str[80];
```

```
        int num[27]={0},i;
        printf("请输入一个字符串：\n");
        gets(str);
        for(i=0;str[i]!='\0';i++)
        {
            if(str[i]>='A'&&str[i]<='Z')          //如果str[i]为大写字母
                num[str[i]-'A']++;
            else if(str[i]>='a'&&str[i]<='z')     //如果str[i]为小写字母
                num[str[i]-'a']++;
            else                                   //如果str[i]为其他字符
                num[26]++;
        }
        for(i=0;i<26;i++)
            printf("%c(%c):%d\n",i+'A',i+'a',num[i]);
        printf("其他字符:%d\n",num[26]);
    }
```

拓展与变换 如果要求只输出次数不为 0 的字符，程序应如何修改？如果要用判断大写字母函数［isupper()］或小写字母函数［islower()］编程，程序应如何修改？

【例 6-1-2】 编写程序，其功能是删除字符串中指定下标开始的 num 个字符。其中，str 为指向字符串，p 中存放指定的下标，num 为删除字符的个数。例如，字符串内容为"Hellollo JiangSu!"，变量 p 的值为 5，变量 num 的值为 3，则程序运行后的结果为"Hello JiangSu!"。

解题分析 本题主要考查在字符数组中，如何在指定位置开始删除指定个数的字符。删除字符所用的算法是将下标为 p+num 及以后的所有字符依次向前移 n 个字符，这样就把要删除的字符覆盖了（删除了）。最后要在新的字符串尾加一个结束符'\0'。

答案

```
#include<stdio.h>
#include<string.h>
main()
{
    char str[80]="Hellollo JiangSu!";
    int p,num,m,i;
    printf("原字符串：%s\n",str);
    printf("输入删除开始位置的下标：");
    scanf("%d",&p);
    printf("输入删除字符的个数：");
    scanf("%d",&num);
    m=strlen(str);
    for(i=p+num;i<m;i++)       //将下标为p+num及后面的所有字符依次向前移n个字符
        str[p++]=str[i];
    str[p]='\0';               //构成一个新字符串，在字符串末尾加'\0'
    printf("删除指定字符后的字符串：%s\n",str);
}
```

拓展与变换 本题是删除指定位置、指定个数的字符。对于此类型的题还可以采用复制需要保留的字符方法来编写程序，请采用此方法重新编写程序。

【例6-1-3】 输入一行字符串，统计其中有多少个单词，单词之间用空格隔开。

解题分析 本题是一道典型的字符数组应用题，考查读者运用字符数组的知识解决综合问题的能力。单词数目可以由空格数目决定（连续若干个空格作为一个空格计算，且一行开头的空格不计算在内）。若某一个字符为非空格，而它前面的字符是空格，则说明从"新的单词"开始（如用变量wordnum表示），可使单词数加1。前面是否为空格可用一个变量如 space = 1（空格）和 space = 0（非空格）来区分。

答案

```
#include<stdio.h>
main()
{
    char str[80],ch;
    int space=1,wordnum=0,i;
    printf("输入一个字符串：");
    gets(str);
    for(i=0;(ch=str[i])!='\0';i++)
        if(ch==' ')                    //如果当前字符是空格，则space设置为1
            space=1;
        else if(space==1)              //如果space为1，则space设置为0，并将单词数加1
        {   space=0;
            wordnum++;
        }
    printf("输入的字符串共有%d个单词。\n",wordnum);
}
```

巩固练习

一、选择题

1. 设有字符数组说明语句 char arr[]="JiangSu";，则字符数组 arr 所占用的空间为（   ）。
   A．6B   B．7B
   C．8B   D．9B

2. 以下不能对字符串赋初值的是（   ）。
   A．char s[5]="good!";   B．char s[]="good!";
   C．char s[6]="good!";   D．char s[7]={'g','o','o','d','!'};

3. 给定以下定义：
   char a[]="good";
   char b[]={'g','o','o','d'};
   下面叙述正确的是（   ）。
   A．数组 a 和数组 b 等价
   B．数组 a 和数组 b 的长度相等
   C．数组 a 的长度大于数组 b 的长度
   D．数组 a 的长度小于数组 b 的长度

4. 以下程序的运行结果是（　　）（其中□代表空格）。

```c
#include<stdio.h>
main()
{
    char a[]={'a','b','\0','c','d','\0'};
    puts(a);
}
```

A. ab
B. abc
C. ab□c
D. ab□

5. 已知字母 A 的 ASCII 码值为 65，则下面程序的运行结果是（　　）。

```c
#include<stdio.h>
main()
{
    char ch1,ch2;
    ch1='A'+'5'-'3';
    ch2='A'+'6'-'3';
    printf("%d,%c\n",ch1,ch2);
}
```

A. 67,D
B. B,C
C. C,D
D. 不确定的值

6. 下列程序运行后的结果是（　　）。

```c
#include<stdio.h>
main()
{
    char s[]="Hello,you";
    s[5]=0;
    printf("%s\n",s);
}
```

A. Hello,you
B. Hello0you
C. Hello
D. Hello,

7. 以下程序的输出结果是（　　）。

```c
#include<stdio.h>
main()
{
    int i;
    char str[]="student";
    for(i=1;str[i]!='\0';i++)
    {
        switch(str[i])
        {
            case 't':putchar('#');
            case 'n':putchar('$');
            default:continue;
        }
        putchar('*');
```

        }
}
```

A. $*#$*  B. $#$
C. #$*$*#$*  D. #$$#$

8. 以下程序的输出结果是（    ）。

```
#include<stdio.h>
main()
{
    int i,k=0;
    char a[]="book",t;
    for(i=1;i<=3;i++)
        if(a[k]>a[i])k=i;
    t=a[k];a[k]=a[3];a[3]=t;
    puts(a);
}
```

A. boko B. bk0oo0
C. koob D. book

二、程序阅读题

9.
```
#include<stdio.h>
main()
{
    char str[]={"\"XYZ\b\"\n\\\x41\142"};
    puts(str);
}
```

程序运行后的结果为_____。

10.
```
#include<stdio.h>
main()
{
    int i,j=0;
    char str[]="English";
    for(i=1;i<7;i++)
        if(str[j]<str[i])j=i;
    printf("%c,%d\n",str[j],j+1);
}
```

程序运行后的结果为_____。

11.
```
#include<stdio.h>
main()
{
    int i,j;
    long s=0;
    char str[2][5]={"1234","5678"};
    for(i=0;i<2;i++)
        for(j=0;str[i][j]>'\0';j++)
```
```

```
            s=10*s+str[i][j]-'0';
    printf("s=%ld\n",s);
}
```

程序运行后的结果为_____。

三、程序填空题

12. 下列程序的功能：将无符号八进制数字构成的字符串转换为十进制整数。例如，输入的字符串为"556"，则输出的十进制整数为"366"。请完善程序。

```
#include<stdio.h>
main()
{
    int num,j;
    char str[5];
    printf("请输入一个八进制数:");
    gets(str);
    if(str[0]!='\0')num=str[0]-'0';
    j=_____;
    while(str[j]!='\0')
    {
        num=_____;
        j++;
    }
    printf("%d\n",num);
}
```

13. 下列程序的功能：在 10 个字符串中，找出每个字符中的最大字符，按一一对应的顺序将其存入一维数组中，即第 *i* 个字符串中的最大字符存入 a[i-1]中，最后输出每个字符串中的最大字符。请完善程序。

```
#include<stdio.h>
main()
{
    int i,j;
    char str[10][20],a[10];
    for(i=0;i<10;i++)
        _____;
    for(i=0;i<10;i++)
    {
        _____;
        for(j=1;str[i][j]!='\0';j++)
            if(a[i]<str[i][j])
                _____;
    }
    for(i=0;i<10;i++)
        printf("%d:%c\n",i,a[i]);
}
```

四、编程题

14. 编写程序找出字符串 a 中的最大字符，并将该字符前的所有字符向后移动一位，将最大字符存放在第一个字符处。字符串 a 用键盘输入。

15. 用键盘输入一个字符串，编程按字母顺序排序后输出。

6.2 字符串函数

学习目标

1. 掌握 4 个字符串函数的格式和功能。
2. 运用字符串函数解决实际问题。

内容提要

在 C 语言中，必须通过调用库函数来实现字符串的赋值、连接、比较和求字符串长度等，而不能用运算符实现类似的运算。下面介绍常用的字符串函数，这些字符串函数包含在头文件 "string.h" 中。

6.2.1 求字符串的长度(strlen)

1. 格式

其格式如下。

```
strlen(s);
```

2. 功能

计算字符数组 s（或字符串常量）的长度。

例如：

```
char s[10]="Hello!";
printf("%d",strlen(s));
```

输出结果不是 10，也不是 7，而是 6。

注意 字符串中的结束标志'\0'不计算在内。

6.2.2 字符串的连接(strcat)

1. 格式

其格式如下。

```
strcat(s1,s2);
```

2. 功能

将字符数组 s2 连接在字符数组 s1 的后面，构成一个新的字符串存入字符数组 s1 中。

注意 在连接时，系统将先自动删除字符数组 s1 后面的'\0'，然后连接字符数组 s2，并在连接后的字符串后面添加'\0'标志。另外，字符数组 s1 要足够大，以便容纳连接后的新字符串。

6.2.3 字符串的复制（strcpy）

1. 格式

其格式如下。

```
strcpy(s1,s2);
```

2. 功能

将字符数组 s2 中存储的字符串复制到字符数组 s1 中。

字符数组 s2 既可以是一个数组名，也可以是一个字符串常量，但字符数组 s1 必须是一个数组名。

> **注意**
> ① 字符数组 s1 要足够大，以便容纳字符数组 s2。
> ② 不允许像其他变量一样为字符数组整体赋值。例如，下面的语句就是错误的。
> char s1[10],s2[]="Hello!";
> s1=s2;
> 数组名 s1 是地址常量，不能进行赋值运算。
> 请将上面的字符串复制语句改写正确。

6.2.4 字符串的比较(strcmp)

1. 格式

其格式如下。

```
strcmp(s1,s2);
```

2. 功能

比较字符数组 s1 与字符数组 s2 的大小。

3. 字符串的比较规则

对于两个字符串，按从左至右的顺序依次比较对应的字符（按照 ASCII 码值比较），直到遇到不同字符为止。若全部字符相同，则认为两个字符串相等，否则由遇到的第一个不同字符来决定大小。

该函数可返回比较的结果：

（1）字符数组 s1 等于字符数组 s2，函数值=0。
（2）字符数组 s1 大于字符数组 s2，函数值>0。
（3）字符数组 s1 小于字符数组 s2，函数值<0。

> **注意**
> ① 对两个字符串的比较不能直接采用关系运算符的形式。
> 例如："if(s1==s2)printf("s1==s2")" 是错误的。
> 请将上面的字符串比较语句改写正确。
> ② 请列表比较上述 4 个字符串函数的格式和功能。

例题解析

【例 6-2-1】 （真题）写出下列程序的运行结果。

```c
#include<stdio.h>
#include<string.h>
main()
{
    char c1,str1[]="welcome to jiangsu.";
    int i,sign=1;
    puts(str1);
```

```
        for(i=0;i<strlen(str1);i++)
        {
            c1=str1[i];
            if(sign==0&&c1==' ')
            {   printf("\n");
                sign=1;
            }
            else if(sign==1&&c1>='a'&&c1<='z')
            {   printf("%c",c1-32);
                sign=0;
            }
            else if(c1!=' ')
            {   printf("%c",c1);
                sign=0;
            }
        }
    }
```

解题分析 本题考查了两个字符串函数：求字符串长度函数[strlen()]和字符串输出函数[puts()]。该程序的主要功能是将一个字符串中的若干单词分别输出并将每个单词的首字母以大写字母输出。本题对变量 sign 的作用理解非常关键。

答案

welcome to jiangsu.

Welcome

To

Jiangsu.

【例 6-2-2】 输入 8 个国家的名称，编程将这 8 个国家的名称按字母顺序升序排列输出。

解题分析 本题主要考查字符串数组排序的知识。8 个国家的名称应由一个二维字符数组来存储，然而 C 语言规定可以把一个二维数组当成多个一维数组处理，因此可以按 8 个一维数组处理，每个一维字符数组为一个国家名字符串。用字符串比较函数比较一维字符数组的大小，实现排序，最后输出结果即可。

答案

```
#include<stdio.h>
#include<string.h>
main()
{
    char temp[30],couns[8][30];
    int i,j;
    printf("请输入8个国家的名称:");
    for(i=0;i<8;i++)                            //输入8个国家的名称符串
        gets(couns[i]);
    printf("\n");
    for(i=0;i<7;i++)                            //对8个国家的名称进行排序
        for(j=i+1;j<8;j++)
            if(strcmp(couns[i],couns[j])>0)     //字符串比较
            {
```

```
                strcpy(temp,couns[i]);              //字符串交换
                strcpy(couns[i],couns[j]);
                strcpy(couns[j],temp);
            }
    for(i=0;i<8;i++)                                //输出排序后的国家的名称
        puts(couns[i]);
}
```

拓展与变换 请读者体会字符串排序和其他类型数据排序的不同之处。另外，请读者用其他的排序方法（如选择法、冒泡法和插入法）改写本题。

巩固练习

一、选择题

1．为了比较两个字符串 s1 和 s2 是否相等，应当使用（   ）。
   A．if(s1=s2)   B．if(s1==s2)
   C．if(strcpy(s1,s2))   D．if(strcmp(s1,s2)==0)

2．调用"strlen("abcd\0ef\0g")"的返回值是（   ）。
   A．4   B．5   C．8   D．9

3．下列程序运行后的结果是（   ）（其中□代表空格）。

```
#include<stdio.h>
#include<string.h>
main()
{
    char a[7]="abcde",b[4]="ABC";
    strcpy(a,b);
    printf("%c",a[4]);
}
```

   A．□   B．\0   C．e   D．f

4．下列程序运行后的结果是（   ）。

```
#include<stdio.h>
#include<string.h>
main()
{
    char s[10]="ABCD";
    printf("%d,%d",strlen(s),sizeof(s));
}
```

   A．7,4   B．4,10   C．8,8   D．10,10

5．为了判断字符串 s1 是否小于字符串 s2，正确的条件书写形式是（   ）。
   A．s1>s2   B．strcmp(s1,s2)>0
   C．strcmp(s1,s2)<0   D．s1-s2>0

6．下列程序运行后的结果是（   ）。

```
#include<stdio.h>
main()
```

```c
{
    char s1[10]="aid",s2[10]="and";
    int i=0,s;
    while((s1[i]==s2[i]&&s1[i]!='\0'))
        i++;
    if(s1[i]=='\0'&&s2[i]=='\0')
        s=0;
    else
        s=s1[i]-s2[i];
    printf("%d\n",s);
}
```

    A. -4　　　　　　B. 4　　　　　　C. -5　　　　　　D. 5

7. 下列程序运行后的结果是（　　）。

```c
#include<stdio.h>
#include<string.h>
main()
{
    int i=0;
    char a[20]="1203",b[20]="abc",c[50];
    strcat(b,a);
    while(b[i]!='\0')
    {
        c[i++]=b[i];
        i++
    }
    c[i]='\0';
    printf("%s\n",c);
}
```

    A. 1203abc　　　　B. abc1203　　　　C. abc12　　　　D. 12abc

二、程序阅读题

8.
```c
#include<stdio.h>
main()
{
    char ch[]="Book";
    int i;
    for(i=0;ch[i]!='\0';i++)
    {
        switch(ch[i])
        {
            case 'b':putchar('#');break;
            case 'o':putchar('*');continue;
            case 'k':putchar('@');
        }
        putchar('&');i++;
    }
}
```

程序运行后的结果为_____。

9.
```c
#include<stdio.h>
#include<string.h>
main()
{   char a[10]="1234",b[10]="ABCDE";
    int len;
    len=strlen(strcat(a,b));
    printf("len=%d\n",len);
}
```

程序运行后的结果为_____。

10.
```c
#include<stdio.h>
#include<string.h>
main()
{   char a[10]="abcdefgh";
    int i;
    i=strlen(a)-1;
    do
    {
        a[i]=a[i-2];
    }while(--i>2);
    puts(a);
}
```

程序运行后的结果为_____。

三、程序填空题

11.（真题）有4组8位二进制数，最高位均为0。对4组二进制数的低7位进行奇校验，所谓奇校验，是指如果低7位1的个数为奇数，则将最高位（第8位）置1，否则置0。将校验位存入最高位，并输出校验后的二进制数及对应的十进制数。请完善程序。

```c
#include<stdio.h>
main()
{
    char c[4][9]={"01011101","00000000","01100000","01111111"};
    int i,j,n,q,d[4]={0};
    //奇校验
    for(i=0;i<4;_____)
    {
        n=0;
        for(j=1;j<=7;j++)              //统计低7位1的个数
            if(c[i][j]=='1')n++;
        if(_____)c[i][0]='1';     //若1的个数为奇数，则将最高位置1
    }
    //二进制数转换为十进制数
    for(i=0;i<4;i++)
    {
        q=1;
        for(j=7;j>=0;j--)
        {
```

```
            if(_____)d[i]+=q;
            q*=2;
        }
    }
    //输出二进制数及对应的十进制数
    for(i=0;i<4;i++)
    {   for(j=0;j<=7;j++)
            printf("%c",c[i][j]);
        printf("十进制数:%d\n",_____);
    }
}
```

四、编程题

12. 用键盘输入 5 个字符串，编程将它们按从小到大的顺序排序。

13. 有一个已按升序排列的字符串 str，现从键盘上输入 1 个字符，请用折半查找法查找该字符在字符串 str 中的位置。若字符串 str 中不存在该字符，则打印输出-1。

6.3 字符数组和字符串的应用

学习目标

1. 掌握字符数组和字符串的典型算法。
2. 运用字符数组和字符串知识解决一些实际问题。

内容提要

6.3.1 字符数组和字符串数组

为了区分字符数组和字符串数组，通常将一维字符数组称为字符数组，二维字符数组称为字符串数组。处理字符数组和字符串数组，方法是不一样的。通常，字符数组处理的对象是单个字符，类似处理整型数据，而字符串数组处理的对象是字符串，通常要用到字符串函数。下面分别对字符数组 "Chinese" 和字符串数组{"China","Japan","England"}中的字符进行排序并比较它们。

（1）对字符数组 "Chinese" 中的字符从小到大排序。

```c
#include<stdio.h>
#include<string.h>
main()
{
    char s[]="Chinese",ch;
    int i,j,n;
    n=strlen(s);
    printf("排序前:\n");
    puts(s);
    for(i=0;i<n-1;i++)                //字符排序
```

```
            for(j=i+1;j<n;j++)
                if(s[i]>s[j])                       //字符比较
                {
                    ch=s[i];                        //字符交换
                    s[i]=s[j];
                    s[j]=ch;
                }
        printf("排序后:\n");
        puts(s);
}
```

（2）对字符串数组{"China","Japan","England"}中的3个字符串从小到大排序。

```
#include<stdio.h>
#include<string.h>
main()
{
    char str[3][8]={"China","Japan","England"},ch[8];
    int i,j,n=3;
    printf("排序前:\n");
    for(i=0;i<n;i++)
        puts(str[i]);
    for(i=0;i<n-1;i++)                              //字符串排序
        for(j=i+1;j<n;j++)
            if(strcmp(str[i],str[j])>0)             //字符串比较
            {
                strcpy(ch,str[i]);                  //字符串交换
                strcpy(str[i],str[j]);
                strcpy(str[j],ch);
            }
    printf("排序后:\n");
    for(i=0;i<n;i++)
        puts(str[i]);
}
```

注意 区分字符与字符串的比较与交换的不同点。

6.3.2 从字符串中提取连续的数字（或字母）

从字符串中提取连续的数字（或字母）是一种常见的题目，考试中经常出现，所以一定要认真掌握。例如，提取字符串（如"EDC28Gr168ab!234G39H"）中连续的数字字符构成若干个整数。该程序段如下。

```
char str[]="EDC28Gr168ab!234G39H";
int i=0,k=0,s,b[10];        //变量i和k的初值为0
while(str[i]!='\0')         //从第一个字符开始，直到遇到该字符串的结束符（'\0'）为止
{   if(isdigit(str[i]))     //如果是数字字符，则取出并将连续的数字字符构成一个整数
    {
        s=0;
        while(isdigit(str[i]))
            s=s*10+str[i++]-'0';   //注意：数字字符-'0'变成数字，如'2'-'0'=2
        b[k++]=s;                  //将构成的整数赋值给数组b
    }
```

```
        else
            i++;
}
```

例题解析

【例 6-3-1】 （真题）阅读下列程序回答有关问题。

```
(1) #include<stdio.h>
(2) #include<string.h>
(3) int main()
(4) {
(5)     char c[50];
(6)     int i,sum=0;
(7)     printf("Please enter:\n");
(8)     scanf("%s",c);
(9)     for(i=0;i<strlen(c);i++)
(10)    {
(11)        sum=sum+1;
(12)        if(c[i]<='z'&&c[i]>='a')
(13)            c[i]=c[i]-32;
(14)    }
(15)    printf("%d,%s\n",sum,c);
(16)    return 0;
(17) }
```

上述程序中，包含_____个主函数。字符数组的定义在程序的第_____行，第（12）行的 if 语句实现的是_____结构。程序运行时输入 This（加回车），则第（9）行的 for 语句中循环体共执行_____次循环。

解题分析 本题实质上是一道考查字符数组的基础题。在C语言中，有且仅有1个主函数。字符数组的定义在第（5）行，if 语句实现的是选择结构，它的功能是将字符数组中的所有小写字母转换成大写字母。程序运行时输入 This（加回车），则程序执行4次循环。

答案 1 5 选择 4

【例 6-3-2】 （真题）写出下列程序的运行结果。

```
#include<stdio.h>
#include<math.h>
main()
{
    int i,j,y,k=0;
    char c[]="Great";
    printf("%s\n",c);
    for(i=-2;i<=2;i++)
    {
        y=3-abs(i);
        for(j=1;j<=y;j++)
            printf(" ");        //引号内为一个空格
```

```
        printf("%c\n",c[k]);
        k++;
    }
}
```

解题分析 本题主要考查了字符数组的定义、输出等基本知识，另外还考查了绝对值函数，其输出格式关于 x 轴对称。

答案
Great
  G
   r
    e
   a
  t

【例6-3-3】 （真题）写出下列程序的运行结果。

```
#include<stdio.h>
#include<string.h>
main()
{
    char str[50]="Pa2ss";
    int len,i;
    puts(str);
    len=strlen(str);
    printf("The length:%-4d words\n",len);
    switch(len)
    {
        case 0:printf("ERROR.\n");break;
        case 1:
        case 2:
        case 3:
        case 4:
        case 5:
        case 6:printf("NORMAL.\n");break;
        default:printf("OTHER.\n");break;
    }
    for(i=0;i<len;i++)
        if(str[i]>='a'&&str[i]<='z')str[i]-=32;
    printf("%s\n",str);
}
```

解题分析 本题是将字符数组与 switch 结构相结合的一道题。根据字符串长度，选择不同的分支进行操作。字符数组 str 中有 5 个字符，因此它的长度为 5，跟 switch 结构中的 case 5 相匹配，因此执行 case 5 后面的语句。由于 case 5 后面的语句中没有 break 语句，因此继续执行 case 6 后面的语句，将字符数组中的小写字母转换成大写字母后输出。

答案

Pa2ss
The length:5   words
NORMAL.
PA2SS

【例 6-3-4】（真题）下列程序的功能：某单位对来访人员测体温并采取适当处置的过程。

（1）测体温。

输入访客体温值，若不高于 37.3℃，直接进入处置流程；否则，再次输入，以第二次的体温值进入处置流程。

（2）处置流程。

根据访客来源地区和体温值完成以下处置。

① 访客体温值不高于 37.3℃时，输出"PASS!"；

② 访客体温值高于 37.3℃时，若访客来自指定地区，输出"Execute the first plan."；否则，输出"Execute the second plan."。请完善程序。

```
#include<stdio.h>
#include<string.h>
float get_tem(void);
main()
{
    float tem;
    int i,sign=0;
    char from_area[50];
    char area[5][10]={"nanjing","yancheng","wuxi","changzhou","taizhou"};
    printf("Please enter the area:\n");
    scanf("%s",&from_area);
    tem=_____①_____;
    if(tem>37.3)
    {
        //顺序查找
        for(i=0;i<5;i++)
        {
            if(!_____②_____)
            {
                sign=1;
                break;
            }
        }
        if(_____③_____) printf("Execute the first plan.\n");
        else printf("Execute the second plan.\n");
    }
    else printf("PASS!\n");
}
```

```c
//测体温,返回体温值
float get_tem(void)
{
    float t;
    int flag=0;
    do
    {
        flag++;
        printf("Please enter temprature %d:\n",flag);
        scanf("%f",&t);
    }while(_____④_____&&t>37.3);
    return t;
}
```

解题分析 本题是一道综合题，有一定的难度。通过阅读整个程序可以发现，空白①处是函数调用语句，从子函数头可以发现，该函数没有参数，因此，此处填写 get_tem()。根据题目中的"测体温"流程，在子函数中，空白④处应为 flag==1。空白②、③要结合起来综合考虑，如果体温大于 37.3℃并且来自指定地区，按"计划一"执行，否则，按"计划二"执行。将输入的地区与已有的 5 个地区比较：如果与其中的 1 个地区相同，就将标志 sign 置为 1，同时结束比较；如果与其中的任何一个地区都不相同，则标志 sign 的值为 0。

答案 ① get_tem() ② (strcmp(from_area,area[i]))
③ sign==1 ④ flag==1

巩固练习

一、程序阅读题

1.

```c
#include<stdio.h>
main()
{
    int i,j;
    long n=0;
    char str[2][5]={"1357","2468"};
    for(i=0;i<2;i++)
        for(j=0;str[i][j]!='\0';j++)
            n=10*n+str[i][j]-'0';
    printf("%ld\n",n);
}
```

程序运行后的结果为_____。

2.

```c
#include<stdio.h>
main()
{
    int i,s=0;
    char a[]="12ab345";
```

```
    for(i=0;a[i]>='0'&&a[i]<='9';i++)
        s=s*10+a[i]-'0';
    printf("s=%d\n",s);
}
```
程序运行后的结果为_____。

3.
```
#include<stdio.h>
main()
{
    int i=0;
    char a[10]="CHINA",b[10]="BOY",c[10];
    while(b[i]!='\0')
    {
        if(a[i]>b[i])c[i]=a[i]+32;
        else c[i]=b[i]+32;
        i++;
    }
    c[i]='\0';
    printf("%s\n",c);
}
```
程序运行后的结果为_____。

4.
```
#include<stdio.h>
main()
{
    char a[]="+2468";
    int i,w,s=1;
    if(a[0]=='+')
        i=1;
    else if(a[0]=='-')
    {
        s=-1;
        i=1;
    }
    else
        i=0;
    for(w=0;a[i]>='0'&&a[i]<='9';i=i+2)
        w=w*10+a[i]-'0';
    printf("%d\n",s*w);
}
```
程序运行后的结果为_____。

5.（真题）
```
#include<stdio.h>
main()
{
    char dates[]="20210424";
```

```
    int month,ss;
    printf("Today is:\n");
    printf("%s\n",dates);
    printf("Century:%c%c\n",dates[0],dates[1]);
    month=(dates[4]-48)*10+dates[5]-48;
    if(month==1)month=13;
    month--;
    ss=(month-1)/3;
    switch(ss)
    {
        case 0:printf("Spring.\n");break;
        case 1:printf("Summer.\n");break;
        case 2:printf("Autumn.\n");break;
        case 3:printf("Winter.\n");break;
        default:printf("Date error.\n");break;
    }
}
```

程序运行后的结果为_____。

二、程序填空题

6. 下列程序的功能：将字符串中的所有数字字符移到所有非数字字符之后，并保持数字字符和非数字字符原先的先后次序。例如，原来字符串为"9This3.isTurboC1.0"，处理后为"This.isTurboC.9310"。请完善程序。

```
#include<stdio.h>
#include<ctype.h>
int main()
{
    char str[]="9This3.isTurboC1.0";
    char alph[80],num[80];
    int i,j,k;
    _____;
    while(str[i]!=0)
    {
        if(isdigit(str[i]))
            num[k++]=_____;
        else
            alph[j++]=str[i++];
    }
    num[k]=0;
    for(i=0;i<j;i++)
        str[i]=alph[i];
    for(i=0;_____;i++)
        str[i+j]=num[i];
    printf("%s\n",str);
    return 0;
}
```

7.（真题）下列程序的功能：从输入的 18 位身份证号中分别提取性别和出生年份数据位，判断性别、计算年龄（周岁）后，分别输出。假设 18 位身份证号码的各段含义如图 6-3-1 所示：其中自左而右第 7～10 位表示出生年份；第 17 位表示性别，奇数表示男性，偶数表示女性。图中示意的身份证号表示出生年份是 2001 年，第 17 位是 6，说明为女。请完善程序。

位数	1	2	3	4	5	6	7	8	9	10	11	12	13	14	15	16	17	18
身份证号	3	2	1	2	8	3	2	0	0	1	0	4	1	9	4	0	6	1
含义	省市代码						出生年月								顺序及校验			

图 6-3-1　18 位身份证号码的各段含义示意图

```
#include<stdio.h>
#include<string.h>
main()
{
    void getstr(char str1[],char str2[],int st,int len);
    int getage(char str[]);
    int getsex(char str[]);
    char id_n[19];
    int age;
    printf("Please enter 18 numbers:\n");
    gets(id_n);
    age=getage(id_n);
    if(getsex(id_n)==0)printf("性别：女");
    else printf("性别：男") ;
    printf("\n年龄：%d\n",_____);
}
//截取子串：从字符串str1的第st个位置开始截取长度为len的子串，结果放到字符串str2中
void getstr(char str1[],char str2[],int st,int len)
{
    int i,n;
    for(n=0,i=_____;i<st+len-1;i++,n++)
        str2[n]=str1[i];
    str2[n]='\0';
}
//计算年龄：通过身份证号str1的第7～10位（出生年份）计算年龄
int getage(char str1[])
{
    char year[5];
    int s=0,i,n;
    getstr(str1,year,7,4);
    for(i=0;i<4;i++)
    {
        n=year[i]-48;
        s=_____;
    }
    return 2019-s;
```

```
}
//判断性别：性别男则返回1，性别女则返回0
int getsex(char str1[])
{
    char sex[2];
    int sex_n;
    getstr(str1,sex,17,1);
    sex_n=sex[0]-48;
    if(sex_n%2==_____)
        return 0;
    else
        return 1;
}
```

三、编程题

8. 编写程序将字符串 str 中下标为偶数并且 ASCII 码值为奇数的字符依次存放到字符数组 s 中。例如，str 为"AABBCCDD11332244eeff"，则 s 为"AC13e"。

9. 编写程序判断 5 个字符串中哪个为回文字符串（回文字符串是指正读和反读都一样的字符串）。如果是，在该字符串前加"Is:"，否则在该字符串前加"No:"。例如，ab12c21ba→Is:ab12c21ba，ab1c21ba→No:ab1c21ba。

10. 编程将 curr[] 中的数字字符串转换为货币格式，并保存到 form[] 字符串中。例如，将"1234567"转换为"$1,234,567"，将"123456"转换为"$123,456"。假定数字字符串长度不会超过 10。

第 7 章

函 数

考纲要求

★ 掌握库函数的正确调用方法。
★ 掌握函数的定义方法。
★ 理解函数的类型和返回值。
★ 掌握形式参数与实际参数,参数值的传递。
★ 掌握函数的调用。
★ 掌握局部变量和全局变量。
★ 掌握变量的存储类别。
★ 理解函数的嵌套及递归调用。

7.1 函数的定义及类型

学习目标

1. 掌握库函数的正确调用方法。
2. 掌握函数的定义方法。
3. 理解函数的类型。

内容提要

7.1.1 函数的概念

1．函数

<u>函数</u>［main()函数除外］是可以反复使用的一个程序。其他程序可以通过函数调用语句来执行这个程序段，如果要在程序的不同地方多次执行一系列相同的操作，就可以把这一系列的操作从程序中独立出来，形成一个函数。建立函数的过程称为函数定义，使用函数的过程称为函数调用。

2．主调函数和被调函数

函数［main()函数除外］要被其他函数调用才能运行，通常把调用其他函数的函数称为<u>主调函数</u>，而被其他函数调用的函数称为<u>被调函数</u>。在 C 语言中，除 main()函数（主函数）外，其他所有函数既可以作主调函数，也可以作被调函数。但 main()函数只能作主调函数，不能作被调函数。C语言程序的执行总是先从 main()函数开始的,完成对其他函数的调用后再返回到main()函数，然后由 main()函数结束整个程序。因此，一个 C 语言程序有且仅有一个 main()函数。

注意 在 C 语言程序中，所有函数定义，包括 main()函数在内，都是平行的，也就是说，在一个函数的函数体中，不能再出现另外一个函数的定义，即不能嵌套定义。但多个函数间允许相互调用，甚至还允许函数的自身调用（递归调用）。

7.1.2 库函数

1．库函数概念

库函数由 C 语言系统提供，无须用户定义，也不必在程序中作类型说明，只需在程序前包含该函数的头文件就能在程序中直接调用。

每类库函数都对应不同的头文件，如数学函数对应的头文件为"math.h"，字符串函数对应的头文件为"string.h"等。

2．库函数调用

（1）库函数调用的一般形式如下。

函数名(参数表)

（2）库函数在 C 语言程序中出现的方式。

① 在表达式中出现，如 "y=sqrt(x)+4;"。

② 作为独立的语句出现，如 "sort(a,10);"。

③ 作为函数参数出现，如"d=max(s,strlen(s));"。

7.1.3 函数的定义

虽然 C 语言程序提供了大量的库函数，但仍不能完全满足所有用户的需求。因此用户可以根据自己的需要，编写所需函数，这类函数称为用户自定义函数。本章重点讨论用户自定义函数。

1．函数定义的一般形式

其一般形式如下。

```
类型名 函数名(类型名 形参1,类型名 形参2……)    ——函数头
{
    说明语句;                                  ┐
    执行语句;                                  ├ 函数体
}                                              ┘
```

例如：定义求两个数中大数的函数。

```
int max(int x,int y)                           ——函数头
{
    int z;                                     ┐
    if(x>y) z=x;else z=y;                      ├ 函数体
    return z;                                  │
}                                              ┘
```

2．函数定义的说明

（1）形式参数（简称形参）个数可以有 0 个或若干个。即使是 0 个，函数名后面的圆括号也不能省略。

（2）自定义函数由函数头和函数体组成。函数体包含在函数头后面的一对花括号内，由说明语句和执行语句组成。

（3）形参的值由主调函数传递过来，不要另行赋值。

7.1.4 函数的类型

函数名前面的类型名是函数返回值的类型。对于函数的类型有以下几点说明。

（1）在函数中，若类型名与返回值不一致，则以函数类型为准，自动进行类型转换。

（2）若函数值为整型，则在函数定义时可以省去类型说明。

（3）不返回函数值的函数，可以明确定义为"空类型"，类型名为"void"。

例题解析

【例 7-1-1】 在 C 语言中，若对函数类型未加说明，则函数类型隐含为_____。

解题分析 本题主要考查函数的类型。在 C 语言中，如果在定义一个函数时，对函数类型未加说明，系统会隐含指定函数类型为 int。

答案 int

拓展与变换 函数返回值的类型由定义函数时的函数首部中的函数类型决定，函数类型可以是任何类型。void 的含义为无值型，表示函数不带返回值。

【例7-1-2】 下列程序的功能：求 s=1!+2!+3!+4!+5! 的值。请完善程序。

```
#include<stdio.h>
_____①_____ jc(int n)
{
    int i;
    long p=1;
    for(i=1;i<=_____②_____;i++)
        p=p*i;
    return(p);
}
main()
{
    int i;
    long s=0;
    for(i=1;i<=5;i++)
        s=_____③_____;
    printf("1!+2!+3!+4!+5!=_____④_____",s);
}
```

解题分析 本题主要考查函数的定义及如何定义一个求阶乘的函数。程序由一个主函数 main()函数和一个求阶乘的函数 jc()函数构成。对于 jc()函数而言，由于函数的返回值为长整型，所以函数的类型为长整型，因此①处填写 long。jc()函数用来求 n 的阶乘，循环变量 i 的终值为 n，因此②处填写 n。在主函数 main()函数中，s 表示 1!+2!+3!+4!+5!的和，因此这是一个累加的过程，所以③填写 s+jc(i)。由于 s 数据类型为长整型，因此④处填写%ld。

答案 ① long　② n　③ s+jc(i)　④ %ld

拓展与变换 若本程序求 s=1!+2!+3!+4!+5!+……+n!的值，n 用键盘输入，程序应如何修改？

巩固练习

一、选择题

1. 以下说法中错误的是（　　）。
   A．C语言程序中可以只包含一个 main()函数
   B．C语言程序由一个 main()函数和若干个其他函数构成
   C．C语言程序中可以没有 main()函数，但至少应包含一个其他函数
   D．C语言程序由函数组成，函数是构成程序的基本单位

2. 以下说法中正确的是（　　）。
   A．main()函数和其他函数间可相互调用
   B．main()函数可以调用其他函数，但其他函数不能调用 main()函数
   C．因为 main()函数可不带参数，所以其后的参数小括号能省略
   D．根据情况，可以不写 main()函数

3. 若已用"k=fun(fun(a,b,c),5,a);"形式正确调用 fun()函数，则该函数的形参个数为（　　）。
   A．2　　　　　　B．3　　　　　　C．4　　　　　　D．5

4. C语言规定，函数返回值的类型是（　　）的。

　　A．由return语句中表达式的类型所决定

　　B．由调用该函数的主调函数所具有的类型决定

　　C．由定义该函数时所指定的函数类型决定

　　D．由系统随机决定

5. 下列函数的返回值类型是（　　）。

```
fun(char a)
{   printf("a=%c\n",a);}
```

　　A．void　　　　　　B．char　　　　　　C．int　　　　　　D．不确定

6. 下列叙述错误的是（　　）。

　　A．在函数中，通过return语句传回函数值

　　B．在函数中，可以有多条return语句

　　C．在C语言中，函数后的一对圆括号中也可以不带参数

　　D．在C语言中，调用函数必须在一条独立的语句中完成

7. 下列程序的运行结果是（　　）。

```
#include<stdio.h>
func(int a,int b)
{
   int c;
   c=a-b;
   return c;
}
main()
{
   int x=6,y=7,z=8,r;
   r=func((x--,++y,x+y),z--);
   printf("%d\n",r);
}
```

　　A．4　　　　　　B．7　　　　　　C．5　　　　　　D．6

8. 下列程序的运行结果是（　　）。

```
#include<stdio.h>
void fun(int a,int b,int c)
{   c=a+b;    }
main()
{
   int c;
   fun(3,6,c);
   printf("%d\n",c);
}
```

　　A．0　　　　　　B．3　　　　　　C．9　　　　　　D．无定值

二、程序阅读题

9.

```
#include<stdio.h>
```

```
void fun(int x,int y)
{
   printf("%d,%d,",x,y);
   x=3;y=4;
}
main()
{
   int x=1,y=2;
   fun(y,x);
   printf("%d,%d\n",x,y);
}
```

该程序运行后的结果为_____。

10.
```
#include<stdio.h>
int fun(int x,int y)
{
   int z;
   z=x+y;
   return z;
}
main()
{
   int x=1,y=2,z=4,s;
   s=fun(fun(x,y),z);
   printf("s=%d\n",s);
}
```

该程序运行后的结果为_____。

三、编程题

11. 编写一个函数，函数的功能是输入两个实数，求它们的最小值（函数名为 ff1）。

12. 编写一个函数，函数的功能是求两个整数的和（函数名为 ff2）。

13. 编写一个函数，函数的功能是求 $f=n!$（$1×2×3×4×\cdots×n$）的积（函数名为 ff3）。

14. 编写一个函数，函数的功能是输出"*****"（函数名为 ff4）。

15. 编写一个函数，函数的功能是输出 5 行"*****"（函数名为 ff5）。

16. 编写一个函数，函数的功能是判断一个整数是否为素数（函数名为 ff6）。

7.2 函数的调用及返回

学习目标

1. 掌握函数的调用格式。
2. 掌握函数的调用方式。

3. 理解函数的返回。

内容提要

7.2.1 函数的调用

1．函数的调用格式

其调用格式如下。

函数名(实际参数列表)

2．函数的调用方式

按照函数调用时出现的位置，可以分为以下三种调用方式。

（1）函数语句。把函数调用作为一个语句，如"pritnf("s=%d\n",s);"。

（2）函数表达式。函数出现在表达式中，如"z=min(x,y);"。

（3）作为函数参数。例如"s=min(min(x,y),z);"。

3．函数的调用过程

程序执行函数调用时，系统要完成一系列的过程：首先为被调函数的所有形式参数分配存储单元，并计算实际参数的值，再一一对应地赋给相应的形式参数（对于无参函数，不做该项工作）；然后进入函数体，为函数说明部分定义的变量分配存储单元；最后依次执行函数体中的可执行语句；当执行到"return (表达式)"语句时，计算返回值（对于无返回值的函数，不做该项工作），收回本函数中定义的变量所占用的存储单元。返回主调函数继续执行。

注意 对于static类型的变量，其存储单元不收回。

4．说明

（1）C语言规定，函数必须先定义后调用。若被调函数出现在主调函数后，则需要在主调函数中对被调函数进行声明。对于函数声明，需要掌握以下三个问题。

① 为什么要函数声明？

② 如何进行函数声明？

③ 在程序的什么位置进行函数声明？

（2）实际参数（简称实参）可以是变量、常量或表达式，但实参必须有一个确定的值。

（3）形参和实参的个数必须一致，类型必须匹配，即使没有实参，"()"也不能省略。

7.2.2 函数的返回

1．函数的值

函数的值是指函数被调用之后，执行函数体中的程序段所取得并返回给主调函数的值。它是由返回语句——return来完成的。

2．返回语句—return

（1）返回语句的格式。

return (表达式); 或 return 表达式;

（2）返回值的类型。

函数的返回值的类型由定义函数时的函数首部中的函数类型决定，而不是由return后的表达式类型决定。

例题解析

【例 7-2-1】 设有函数调用语句 "func((a1,a2,a3),(a4,a5));"，则函数 func()中有_____个参数。

解题分析 本题主要考查函数的调用。在 C 语言中，函数调用的一般形式为函数名(实参1,实参2,…)，其中的实参可以是常量、变量或表达式。本题中内层括号括起的是逗号表达式，因此该函数调用语句中含有 2 个实参（两个逗号表达式），即(a1,a2,a3)和(a4,a5)。

答案 2

【例 7-2-2】 写出下列程序的运行结果。

```c
#include<stdio.h>
void f(int a,int b)
{
    int t;
    t=a;
    a=b;
    b=t;
}
main()
{
    int x=10,y=30,z=20;
    if(x>y)
        f(x,y);
    else if(y>z)
        f(y,z);
    else
        f(x,z);
    printf("%d,%d,%d\n",x,y,z);
}
```

解题分析 本题主要考查函数值的传递。f()函数的作用是交换两个形参的值，main()函数中所有调用 f()函数的方式均是单向值传递，因此，形参值的改变并不影响实参值，所以 x、y、z 的值均不发生变化。

答案 10,30,20

【例 7-2-3】 （真题）已知华氏法表示的温度和摄氏法表示的温度之间的转换公式为 $c=\frac{5}{9}(f-32)$，其中 f 代表华氏温度，c 代表摄氏温度。请阅读程序并回答下列问题。

```
(1) #include<stdio.h>
(2) int main()
(3) {
(4)     float ftoc(float f1);
(5)     float f,c;
(6)     printf("请输入华氏温度");
(7)     scanf("%f",&f);
```

```
(8)      c=ftoc(f);
(9)      printf("对应的摄氏温度为:%10.2f%\n",c);
(10)     return 0;
(11) }
(12)
(13) float ftoc(float f1)
(14) {
(15)     float c;
(16)     c=(_____)*(f1-32);
(17)     return (c);
(18) }
```

在上述程序中，第（4）行是函数的_____语句，函数的形参是_____，实参是_____。第（16）行空白处应填入_____。

解题分析 本题主要考查函数的声明、参数传递和函数值返回等基本问题。自定义函数要求"先定义，后使用"，一般自定义函数放在调用函数前。如果放在自定义函数后面，需要在调用函数前进行声明。函数的参数有形参和实参。在函数定义或声明中，函数参数表中的参数称为形参，函数调用语句中给出的参数称为实参。程序第（16）行的空白处，应根据题目给出的计算公式填写，但要注意数据类型。

答案 声明　f1　f　5.0/9

巩固练习

一、选择题

1. 若已定义的函数有返回值，则以下关于该函数调用的说法错误的是（　　）。

   A．函数调用可以作为独立的语句存在
   B．函数调用可以作为一个函数的实参
   C．函数调用可以出现在表达式中
   D．函数调用可以作为一个函数的形参

2. 以下说法正确的是（　　）。

   A．用户若需调用标准库函数，调用前必须重新定义
   B．用户可以重新定义标准库函数，若如此，该函数将失去原有含义
   C．系统根本不允许用户重新定义标准库函数
   D．用户若需调用标准库函数，调用前不必使用预编译命令将该函数所在文件包含到用户源文件中，系统自动调用

3. 以下说法正确的是（　　）。

   A．函数可以嵌套定义但不可以嵌套调用
   B．函数既可以嵌套调用也可以嵌套定义
   C．函数既不可以嵌套定义也不可以嵌套调用
   D．函数可以嵌套调用但不可以嵌套定义

4. 以下函数头定义形式正确的是（　　）。
   A．double fun(int x,int y)　　　　　B．double fun(int x;int y)
   C．double fun(int x,int y);　　　　　D．double fun(int x,y);
5. 下面的函数调用语句中含有实参的个数为（　　）。
   func((exp1,exp2),(exp3,exp4,exp5));
   A．1　　　　　B．2　　　　　C．4　　　　　D．5
6. 下列程序运行后的结果是（　　）。

```c
#include<stdio.h>
float fun(int x,int y)
{   return(x+y);   }
int main()
{
    int a=2,b=5,c=8;
    printf("%3.0f\n",fun((int)fun(a+c,b),a-c));
    return 0;
}
```

   A．编译出错　　　B．9　　　　　C．21　　　　　D．9.0

二、程序阅读题

7.
```c
#include<stdio.h>
max(float x,float y)
{
    float z=x;
    if(z<y)
    z=y;
    return (z);
}
main()
{
    float a=5.6,b=7.8;
    int c;
    c=max(a,b);
    printf("%d\n",c);
}
```
程序运行后的结果为＿＿＿＿＿＿。

8.
```c
#include<stdio.h>
int add(int x,int y)
{
    int m;
    m=x+y;
    return(m);
}
main()
```

```
{
    int n,k=4,m=1;
    n=add(k,m);
    printf("%d\n",n);
}
```

程序运行后的结果为_____。

9.

```
#include<stdio.h>
double f(int n)
{
    int i;
    double s=1.0;
    for(i=1;i<=n;i++)
        s+=1.0/i;
    return(s);
}
main()
{
    int i,m=3;
    float a=0.0;
    for(i=0;i<m;i++)
        a+=f(i);
    printf("%.1f\n",a);
}
```

程序运行后的结果为_____。

10.

```
#include<stdio.h>
int fun(int x,int y)
{
    int z;
    z=x+y;
    return z;
}
main()
{
    int a=4,b;
    b=fun(a,a+=3);
    printf("b=%d\n",b);
}
```

程序运行后的结果为_____。

三、程序填空题

11.（真题）阅读下列程序，请回答问题。

```
(1)#include<stdio.h>
(2)main()
(3){
(4)    void sum_num(int *p);
```

```
(5)     int num;
(6)     int *num_p;
(7)     printf("Please enter an integer:\n");
(8)     scanf("%d",&num);
(9)     num_p=&num;
(10)    sum_num(num_p);
(11)    printf("%d\n",num);
(12) }
(13) void sum_num(int *p)
(14) {
(15)    int n,s=0,d=*p;
(16)    while(d!=0)
(17)    {
(18)        n=d-(d/10)*10;
(19)        s=s+n;
(20)        d=d/10;
(21)    }
(22)    *p=s;
(23) }
```

上述程序中，编译预处理命令位于第_____行，第（17）行到第_____行是一条复合语句，自定义函数的调用语句位于第_____行；第（6）行定义了一个指向整型数据类型的_____变量 num_p。

12. 下列函数的功能：判断整数 a 是否为素数，当 a 为素数时返回值为 1，否则返回值为 0。请完善程序。

```
#include<stdio.h>
int fact(_____)
{
    int i,k;
    k=a-1;
    for(i=2;i<=k;i++)
        if(a%i==0)
            break;
    if(i>=k+1)
        return 1;
    else
        return 0;
}
```

四、编程题

13. 编程求 $s=1+(1+2)+(1+2+3)+(1+2+3+4)+\cdots+(1+2+3+\cdots+n)$ 的值。n 用键盘输入，各项的值由函数求解。

14. 编程打印如图 7-2-1 所示的图形，要求每行的输出采用函数编写。

```
    *
   ***
  *****
 *******
*********
```

图 7-2-1　输出图形

7.3 函数的参数传递

学习目标

1. 掌握主调函数与被调函数之间的数据传递方式。
2. 理解形式参数与实际参数。
3. 掌握值传递与地址传递的异同。
4. 掌握数组元素及数组名作为参数传递的异同。

内容提要

7.3.1 主调函数与被调函数间的数据传递方式

在 C 语言中，主调函数与被调函数之间数据的传递有三种方式：

（1）主调函数 ⟶ 被调函数。通过实际参数传递给形式参数。

（2）被调函数 ⟶ 主调函数。通过 return 语句把函数值返回主调函数。

（3）主调函数 ⟷ 被调函数。通过全局变量或以数组名作为参数传递，后面详细介绍。

7.3.2 主调函数与被调函数间的参数传递

1. 形式参数与实际参数

要理解**形式参数**与**实际参数**这两个概念，我们可以做个形象的比喻：把函数看作一个车间，该车间加工产品。如果在定义函数时，只是形式化地说明函数加工的对象，则把这种参数称为"形式参数"。当程序要调用该函数完成指定的功能时，就需要给它实际的材料，以便加工出"产品"，因此把函数调用时传入的参数称为"实际参数"。

2. 值传递与地址传递

（1）**值传递**：当实际参数为常量、变量（含数组元素）或表达式时，函数间的参数传递是"值传递"，即实际参数单向传递给形式参数。

（2）**地址传递**：当实际参数为地址时（如数组名），函数间的参数传递是"地址传递"，即实际参数与形式参数间的传递是双向、相互的。

注意 主调函数在调用函数时，需要把相应的实际参数传给对应的形式参数，实际参数的个数和类型要与形式参数的个数和类型一致，而且顺序也要求一致。

7.3.3 数组元素作为函数参数和数组名作为函数参数

数组作为函数参数有两种情况，即数组元素作为函数参数和数组名作为函数参数。

1. 数组元素作为函数参数——值传递

数组元素作为函数参数进行值传递时，函数间的参数传递情况同前文所述。

2. 数组名作为函数参数——地址传递

数组名作为函数参数进行地址传递时，它与值传递有许多不同。

（1）用数组名作为函数时，应该在主调函数与被调函数中分别定义数组。

（2）实参数组与形参数组类型应一致。

（3）实参数组与形参数组大小可以一致，也可以不一致，只是将实参数组的首地址传给形参数组。

（4）形参数组也可以不指定大小，在定义数组时在数组名后面跟一个空的"[]"。为了被调用后函数处理数组元素的需要，可以另设一个参数，传递数组元素的个数。

（5）用数组名作为函数实参时，把实参组的起始地址传递给形参数组，这样两个数组就共占同一段存储空间。

例题解析

【例7-3-1】 写出下列程序的运行结果。

```c
#include<stdio.h>
void swap1(int x,int y)
{
    int t;
    t=x;
    x=y;
    y=t;
}
void swap2(int z[])
{
    int t;
    t=z[0];
    z[0]=z[1];
    z[1]=t;
}
main()
{
    int a[2]={1,2};
    int b[2]={1,2};
    swap1(a[0],a[1]);
    swap2(b);
    printf("%d,%d,%d,%d\n",a[0],a[1],b[0],b[1]);
}
```

解题分析 本题主要考查数组元素和数组名作为参数进行传递。swap1()函数的作用是交换两个变量x、y的值，swap2()函数的作用是交换数组中两个元素z[0]、z[1]的值。

在main()函数中，调用swap1()函数时，实参为数组元素，此时的参数传递为值传递，因此，swap1()函数交换的结果将不影响数组a元素的值，因此，a[0]、a[1]的值仍然为1、2。调用swap2()函数时，实参为数组名，此时的参数传递为地址传递，因此，swap2()函数交换的结果将影响数组b元素的值，因此，数组b中的两个元素变为b[0]、b[1]的值2，1。

答案 1,2,2,1

【例7-3-2】 写出下列程序的运行结果。

```c
#include<stdio.h>
#include<string.h>
void move(char str[],int n)
{
    char temp;
    int i;
    temp=str[n-1];
    for(i=n-1;i>0;i--)
        str[i]=str[i-1];
    str[0]=temp;
}
main()
{
    char s[50]="12345";
    int n=3,i,z;
    z=strlen(s);
    for(i=1;i<=n;i++)
        move(s,z);
    printf("%s\n",s);
}
```

解题分析 本题主要考查字符数组名作为实参进行调用。move()函数的作用是将各字符右移一个位置，将最后一个字符（第 n-1 个字符）移到开头（第 0 个字符位置）。

main()函数调用 move()函数三次，第一次调用形参 str 指向的字符串为"12345"，执行后的结果为"51234"；第二次调用形参 str 指向的字符串为"51234"，执行后的结果为"45123"；第三次调用形参 str 指向的字符串为"45123"，执行后的结果为"45123"。

答案 34512

【例7-3-3】 下列程序的功能：先对数组中的数按升序排序，然后再查找一个数，如查找到则显示"查找成功！"，否则打印"查找失败！"。请完善程序。

```c
#include<stdio.h>
#define N 10
int search(int a[], ____①____ n,int x)
{
    int i;
    for(i=0;i<n;i++)
        if(a[i]==x)
            return i;
    return -1;
}
main()
{
    int a[N]={28,5,37,64,31,34,54,42,67,78};
    int i,j,x,pos,temp;
    for(i=0;i<N-1;i++)
```

```
        for(j=i+1;j<N;j++)
            if(_____②_____)
            {   temp=a[i];
                a[i]=a[j];
                a[j]=temp;
            }
    for(i=0;i<N;i++)
        printf("%d\t",a[i]);
    printf("\n");
    printf("输入要查找的数：");
    scanf("%d",&x);
    pos=_____③_____(a,N,x);
    if(pos>=0)
        printf("查找成功!\n");
    _____④_____
        printf("查找失败!\n");
}
```

解题分析 本题是一道综合题，涉及的知识点有排序算法和顺序查找算法，另外还有采用函数的方式进行编程。在主函数中首先进行排序，接着调用查找函数进行查找，最后根据查找函数返回值，判断是否查找成功。空白①、③两处是关于函数调用的，根据函数数据传递时类型一致或匹配，因此空白①处填写 int，空白③处填写 search。空白②处是关于排序的算法，容易写出 a[i]>a[j]。空白④处是一个对称性分支结构，应填写 else。

答案 ① int　　② a[i]>a[j]　　③ search　　④ else

巩固练习

一、选择题

1. 下列叙述中正确的是（　　）。
   A．形参可以是变量或数组
   B．函数中必须有 return 语句
   C．其他函数中定义的变量不得与 main()函数中的变量同名
   D．return 语句中必须要指定一个确定的返回值或表达式

2. 在调用函数时，若实参是简单的变量，则它与对应形参之间的数据传递方式是（　　）。
   A．地址传递
   B．单向值传递
   C．由实参传形参，再由形参传实参
   D．传递方式由用户指定

3. 下列叙述正确的是（　　）。
   A．函数中必须有 return 语句
   B．return 语句后边的值不能为表达式
   C．如果函数的类型与返回值类型不一致，以函数类型为准
   D．如果形参与实参类型不一致，以实参类型为准

4. 下列程序运行后输出的结果是（　　）。

```
#include<stdio.h>
void del(char s[],char c)
{
    int i,j;
    for(i=j=0;s[i]!='\0';i++)
        if(s[i]!=c)
            s[j++]=s[i];
    s[j]='\0';
}
main()
{
    char s[]="ABCDA";
    del(s,'A');
    printf("%s",s);
}
```

A. BCD　　　　　　　　　　B. ABCDA
C. A　　　　　　　　　　　D. AA

二、程序阅读题

5.
```
#include<stdio.h>
void fun(int x)
{
    printf("x=%d\n",++x);
}
main()
{
    fun(10+4);
}
```
程序运行后的结果为_____。

6.
```
#include<stdio.h>
double fun(int a,int b,int c);
main()
{
    int a=4,b=6,c=7;
    double d;
    d=fun(a,b,c);
    printf("%.1lf\n",d);
}
double fun(int a,int b,int c)
{
    double s;
    s=a%b*c;
    return s;
}
```

程序运行后的结果为_____。

7.
```
#include<stdio.h>
int f(int a,int b)
{
    int c;
    if(a>0&&a<10)  c=(a+b)/2;
    else c=a*b/2;
    return c;
}
main()
{
    int a=8,b=20,c;
    c=f(a,b);
    printf("%d\n",c);
}
```

程序运行后的结果为_____。

8.
```
#include<stdio.h>
void sort(int a[],int n)
{
    int i,j,t;
    for(i=0;i<n-1;i++)
        for(j=i+1;j<n;j++)
            if(a[i]>a[j])
            {   t=a[i];a[i]=a[j];a[j]=t;}
}
main()
{
    int aa[10]={10,2,6,8,4,5,7,3,9,1},i;
    sort(&aa[3],5);
    for(i=0;i<10;i++)
        printf("%d,",aa[i]);
    printf("\n");
}
```

程序运行后的结果为_____。

9.
```
#include<stdio.h>
#include<string.h>
void fun(char a[],int k)
{
    int i,len;
    len=strlen(a);
    for(i=0;i<k;i++)
        a[i]=a[i+1];
    for(i=len-1;i>k;i--)
```

```
        a[i]=a[i-1];
}
main()
{
    char a[20]="1234567890";
    fun(a,4);
    puts(a);
}
```

程序运行后的结果为_____。

10.

```
#include<stdio.h>
#include<string.h>
fun(char p[][10])
{
    int n=0,i;
    for(i=0;i<7;i++)
        if(p[i][0]=='T')n++;
    return n;
}
main()
{
    char str[][10]={"Mon","Tue","Wed","Thu","Fri","Sat","Sun"};
    printf("%d\n",fun(str));
}
```

程序运行后的结果为_____。

三、程序填空题

11. （真题）阅读下列程序，请回答问题。

```
(1) #include<stdio.h>
(2) int select(int a,int b,int c);
(3) main()
(4) {
(5)     int a,b,c;
(6)     scanf("%d%d%d",&a,&b,&c);
(7)     switch(select(a,b,c))
(8)     {
(9)         case 1:printf("等腰三角形.\n");break;
(10)        case 2:printf("三角形.\n");break;
(11)        default:printf("不是三角形.\n");
(12)    }
(13) }
(14) int select(int a,int b,int c)
(15) {
(16)    int sign;
(17)    sign=0;
(18)    if(a+b>c&&a+c>b&&b+c>a)
(19)        if(a==b||a==c||b==c)sign=1;
```

```
(20)        else sign=2;
(21)     return sign;
(22) }
```

上述程序中，第（5）行的量是_____型变量（请用中文书写）；从第_____行开始定义select子函数；第（17）行语句的类型是_____语句。

程序运行时，若输入三个数值，即 8 8 10（加回车），则输出结果是_____。

12. 下列程序的功能：在数组 b 中依次存放数组 a 中偶数所在的下标值，并利用数组 b 的各元素输出数组 a 中的所有偶数。请完善程序。

```
#include<stdio.h>
int fun(int a[],int b[])
{
    int i,j=0;
    for(i=0;i<10;i++)
        if(a[i]%2==0)
            {_____;j++;}
    _____;
}
main()
{
    int a[10]={1,4,3,2,6,5,10,7,8,9},b[10],i,k;
    k=fun(a,b);
    for(i=0;i<k;i++)
        printf("%3d",_____);
}
```

13. 下列程序的功能：计算二维数组中最大值所在行的平均值。请完善程序。

```
#include<stdio.h>
float fun(float a[4][5])
{
    int i,j,m=0,n=0;
    float sum=0;
    for(i=0;i<4;i++)
        for(j=0;j<5;j++)
            if(_____) {m=i;n=j;}
    for(j=0;j<5;j++)
        sum=sum+_____;
    return _____;
}
main()
{
    float a[4][5]={2,3,6,4,1,25,54,23,68,26,7,9,15,20,35,67,18,30,17,38};
    int i,j;
    float ave;
    for(i=0;i<4;i++)
    {
        for(j=0;j<5;j++)
            printf("%5.0f",a[i][j]);
```

```
      printf("\n");
   }
   ave=fun(a);
   printf("%.2f\n",ave);
}
```

14. 下列程序的功能：根据用户输入的利润率 rate 及成本价 cost 计算出利润 profit 及销售价 sprice。请完善程序。提示：利润=成本价×利润率；销售价=成本价×（1+利润率）。

```
#include<stdio.h>
void WResult(_____)
{
   printf("Profit=%6.2f,",prof);
   printf("Sprice=%6.2f",price);
}
float FProfit(float rate,float cost)
{
   return(_____);
}
_____ FSPrice(float rate,float cost)
{
   return(cost*(1+rate));
}
main()
{
   float rate,cost,profit,sprice;
   scanf("%f%f",&rate,&cost);
   profit=FProfit(rate,cost);
   sprice=FSPrice(rate,cost);
   WResult(profit,sprice);
}
```

15. 下列程序的功能：将输入的实数进行四舍五入计算，若计算后的值与用户输入的整数相等，则显示"Well Done!"，否则显示计算后的结果。请完善程序。

```
#include<stdio.h>
void check(int ponse,float value)
{
   int val;
   val=_____;
   if(ponse==val)printf("Well Done!");
   else printf("the correct answer is %d\n",val);
}
main()
{
   int ponse;
   float value;
   printf("Input a value:");
   scanf("%f",&value);
   printf("Input a ponse:");
   scanf("%d",&ponse);
```

```
        check(_____);
}
```

16. 下列程序的功能：计算函数 $F(x,y,z)=(x+y)/(x-y)+(z+y)/(z-y)$ 的值。请完善程序。

```
#include<stdio.h>
float fun(float a,float b);
main()
{
    float x,y,z,sum;
    printf("Input x,y,z:");
    scanf("%f%f%f",&x,&y,&z);
    sum=_____;
    printf("sum=%f\n",sum);
}
float fun(float a,float b)
{
    float value;
    value= a/b;
    return (value);
}
```

7.4 变量的作用域及存储类别

学习目标

1. 掌握变量的作用域。
2. 掌握变量的存储类别。

内容提要

7.4.1 变量的作用域

任何一个变量只能在它的作用范围内使用。变量的**作用域**又称为作用范围，是指一个变量在何处可以使用。变量的作用域与定义变量的位置有关。根据变量的作用域可将变量分为**局部变量**和**全局变量**。

1. 局部变量

局部变量也称为内部变量，它是在函数内部定义的，并且只在本函数内部有效。下面几种情况下的变量都是局部变量。

（1）函数内部定义的变量。
（2）复合语句定义的变量（只在复合语句内有效）。
（3）形参中的变量。

对于局部变量，需注意以下几点：
（1）不同函数中，可以使用相同名字的变量，但它们代表不同的对象，互不干扰。

（2）main()函数中的变量也是局部变量，只在主函数中有效。

（3）局部变量未赋初值时，其值为不定值。

2. 全局变量

在函数之外定义的变量称外部变量，外部变量是全局变量。它的有效范围为从定义变量的位置开始到本程序结束。

（1）全局变量是在函数外部定义的变量，它不属于哪一个函数，而是属于一个源程序。因此，在定义局部变量时，应避免使用已有的全局变量的名称。

（2）若局部变量和全局变量同名，此时，在局部变量作用范围内，全局变量将被"屏蔽"。因此，应尽量避免局部变量和全局变量同名。

（3）若用关键字 extern 说明，还可以在一个或多个文件中扩展全局变量的范围。

（4）若全局变量未赋初值，则数值型变量其值为 0，字符型变量其值为'\0'。

7.4.2 变量的存储类别

变量的存储类别有四种：**自动变量**（默认）、**静态变量**、**寄存器变量**和**外部变量**。

1. 自动变量（auto）

在函数内部或复合语句内定义时，如果没有指定存储类别或使用了 auto 说明符，系统就认为所定义的变量具有自动类别，即该变量为自动变量。例如：

"int x;"等价于"auto int x;"。

注意 在 C 语言中，对一个变量的完整定义应包括存储类别和数据类型，分别用两个关键字说明，且它们无先后次序。例如：

$$\underset{存储类别}{auto} \quad \underset{数据类型}{int} \quad x;$$

2. 静态变量（static）

静态变量的类型说明符为 static。静态变量的值在函数调用结束后不会消失，而是保留原值，即它所占用的存储单元不释放。因此在下一次调用该函数时，此变量已有值。静态变量分为静态全局变量和静态局部变量。

对于静态变量，有以下几点说明：

（1）如果一个静态局部变量未赋初值，则系统在编译时将自动赋初值，数值型变量为 0，字符型变量为'\0'。

（2）对于静态局部变量而言，只在本函数中有效，因此其他函数不能引用该静态局部变量。

（3）定义全局变量和定义一个函数时，如果把它们定义成 static 型，此时该全局变量或函数就只限于本文件使用，不能被其他文件所引用。因此，为了使某些外部变量只限于被本文件引用，通常将其定义成静态全局变量。

3. 寄存器变量（register）

寄存器变量也是自动变量，其是分配在 CPU 的通用寄存器中的，而不是像一般变量那样，占用内存单元。因为寄存器运行速度快，数量有限，所以通常把寄存器变量的说明和使用放在复合语句中实现。

4. 外部变量（extern）

当一个源程序由若干个源文件组成时，在一个源文件中定义的 extern 全局变量在其他的源文件中也有效（不加 extern 说明的全局变量，默认为外部变量），只需在其他文件中用 extern 加以声明，即可使用。

例题解析

【例 7-4-1】 写出下列程序的运行结果。

```c
#include<stdio.h>
int a1=10;
fun(int b)
{
    static int a2=15;           //A行
    a2+=b++;
    printf("%3d",a2);
}
main()
{
    int c=20;
    fun(c);
    a1+=c++;
    printf("%3d\n",a1);
}
```

解题分析 本题主要考查变量的作用域和存储类别。程序运行时，main()函数调用 fun()函数，形参 b 的值为 20，a2 的初值为 15，"a2+=b++;"语句执行后，a2 的值为 35，输出 35。main()函数中的"a1+=c++;"语句执行后，a1 的值为 30，输出 30。

答案 35 30

拓展与变换 如果 A 行语句变为"int a2=15;"，结果如何？

【例 7-4-2】 写出下列程序的运行结果。

```c
#include<stdio.h>
int d=1;
fun(int p)
{
    int d=5;
    d+=p++;
    printf("%d",d);
}
main()
{
    int a=3;
    fun(a);
    d+=a++;
    printf("%d\n",d);
}
```

解题分析 本题主要考查变量的作用域。如果在同一个程序中,外部变量与局部变量同名,则在局部变量作用的范围内,外部变量被"屏蔽",即不起作用。

在fun()函数执行过程中,p的值为3,d的终值为8,输出8。main()函数中的d=1+3,即d的终值为4,输出4,所以最后结果为84。

答案 84

【例7-4-3】 写出下列程序的运行结果。

```c
#include<stdio.h>
int fun(int x,int y)
{
    static int m=0,i=2;              //A行
    i+=m+1;
    m=i+x+y;
    return m;
}
main()
{
    int j=4,m=1,k;
    k=fun(j,m);
    printf("%d,",k);
    k=fun(j,m);
    printf("%d\n",k);
}
```

解题分析 本题主要考查变量的存储类别。程序执行时,main()函数两次调用fun()函数,由于fun()函数中的变量m、i为静态变量,因此两次调用的返回值不同。

第1次调用fun()函数时,m为0,i为2,调用结束后,i为3,m为8,函数输出8。

第2次调用fun()函数时,m为8,i为3,调用结束后,i为13,m为17,函数输出17。

答案 8,17

拓展与变换 如果A行语句变为"int m=0,i=2;",结果如何?

巩固练习

一、选择题

1. 下列程序运行后的结果是(　　)。

```c
#include<stdio.h>
int ff(int n)
{
    static int f=1;
    f=f*n;
    return f;
}
main()
{   int i;
    for(i=1;i<=3;i++)
```

```
    printf("%d,",ff(i));
}
```
  A. 1,2,3,   B. 2,2,2,   C. 1,2,12,   D. 1,2,6,

2. 下列程序运行后的结果是（ ）。

```
#include<stdio.h>
int x=3,y=5;
main()
{   int i;
    int x=4,y=12;
    printf("%d,%d\n",x,y);
}
```
  A. 3,5   B. 4,5   C. 4,12   D. 3,12

3. 下列程序运行后的结果是（ ）。

```
#include<stdio.h>
int fun(int x)
{
    static int m=1;
    m*=x;
    return m;
}
main()
{
    int k,s=0;
    for(k=1;k<5;k++)
        s+=fun(k);
    printf("%d",s);
}
```
  A. 34   B. 33   C. 32   D. 31

二、程序阅读题

4.
```
#include<stdio.h>
int fun(int x,int y)
{
    static int m=0,j=2;
    j+=m+1;
    m=j+x+y;
    return(m);
}
main()
{
    int k=5,m=2,n;
    n=fun(k,m);
    printf("%d,",n);
    n=fun(k,m);
    printf("%d",n);
}
```

194

程序运行后的结果为_____。

5.
```c
#include<stdio.h>
int f()
{
    static int i=0;
    int s=1;
    s+=i;i++;
    return s;
}
main()
{
    int i,a=0;
    for(i=0;i<5;i++)
        a+=f();
    printf("%d\n",a);
}
```
程序运行后的结果为_____。

6.
```c
#include"stdio.h"
int x=0;
void func()
{
    int x;
    x=30;
    printf("%3d",x);
}
main()
{
    printf("%3d",x);
    func();
    printf("%3d",x);
}
```
程序运行后的结果为_____。

7.
```c
#include<stdio.h>
int fun()
{
    auto int x=1;
    static int y=1;
    x=x+2;y=y+2;
    return x+y;
}
main()
{
    int a,b;
```

```
    a=fun();
    b=fun();
    printf("%d,%d\n",a,b);
}
```
程序运行后的结果为_____。

8.
```
#include<stdio.h>
int fun_x(int x)
{
    x=x+1;
    printf("x=%d\n",x);
    return x;
}
int fun_y(int n)
{
    static int y=1;
    y=y+1;
    printf("y=%d\n",y+n);
    return y;
}
main()
{
    int z;
    z=fun_y(1);
    z=fun_y(fun_x(1));
    printf("z=%d\n",z);
}
```
程序运行后的结果为_____。

9.
```
#include<stdio.h>
void func();
int c=1;
main()
{
    int a=0,b=-10;
    printf("a=%d,b=%d,c=%d\n",a,b,c);
    func();
    printf("a=%d,b=%d,c=%d\n",a,b,c);
    func();
}
void func()
{
    int static a=2;
    int b=5;
    a+=2,b+=5;
    c+=12;
    printf("a=%d,b=%d,c=%d\n",a,b,c);
}
```

程序运行后的结果为_____。

三、程序填空题

10. 指出下列各变量的作用范围（在程序中标注）。

```
#include<stdio.h>
int a, b;
double fun1( double p1)
{   int p2, p3;
    ……
}
char fun2( char p4)
{   char p5, p6;
    ……
}
main()
{   float x, y;
    ……
}
```

11.（真题）阅读下面程序，回答问题。

```
(1) #include<stdio.h>
(2) main()
(3) {
(4)     char even(int d);
(5)     int x;
(6)     char flag;
(7)     scanf("%d",&x);
(8)     flag=even(x);
(9)     if(flag=='Y')
(10)        printf("%d的处理结果是偶数\n",x);
(11)    else
(12)        printf("%d的处理结果是奇数\n",x);
(13) }
(14) char even(int d)
(15) {
(16)     int x,s=0;
(17)     while(d!=0)
(18)     {
(19)         x=d%10;
(20)         s=s+x;
(21)         d=d/10;
(22)     }
(23)     if(s%2==0)
(24)         return('Y');
(25)     else
(26)         return('N');
(27) }
```

上述程序中，与第（15）行符号"{"配对的符号在第_____行，用于输入的语句在第_____行，函数 even 的返回值类型是_____（用英文表示）。程序运行时，若输入数值

197

"2017"，则输出结果是_____。

四、编程题

12．编写程序，调用函数"long fact(int n)"先求 n 的阶乘，然后计算 sum=1!+2!+3!+4!+…+n!的值。

13．编写程序，调用函数"float fun(int n)"，fun()函数的功能：根据以下公式计算 sum，计算结果作为函数值返回。n 通过形参传递。

sum=1+1/(1+2)+1/(1+2+3)+…+1/(1+2+3+…+n)

例如，若 n 的值为 11，则函数的值为 1.833。

7.5 函数的嵌套及递归调用

学习目标

1. 理解函数的嵌套调用。
2. 掌握函数的递归调用。

内容提要

7.5.1 函数的嵌套调用

函数不能嵌套定义，但可以**嵌套调用**。函数的嵌套调用过程示意图如图 7-5-1 所示。其执行过程如下。

（1）从主函数 main()函数的左花括号开始执行，如①。

（2）遇到调用 fun1()函数的语句，转到 fun1()函数，如②。

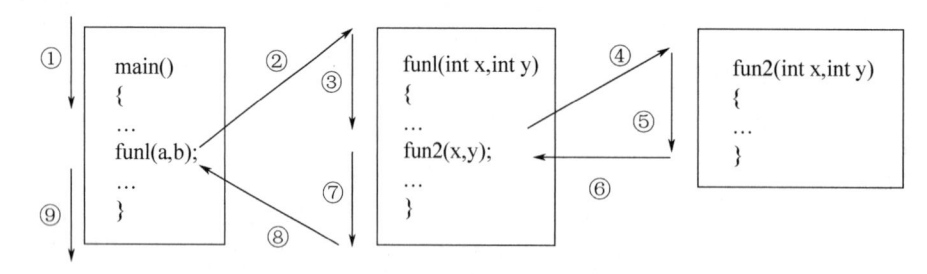

图 7-5-1 函数的嵌套调用过程示意图

（3）从 fun1()函数的左花括号开始执行，如③。

（4）遇到调用 fun2()函数的语句，转到 fun2()函数，如④。

（5）从 fun2()函数的左花括号开始执行，如⑤。

（6）遇到 fun2()函数的右花括号返回调用它的 fun1()函数，如⑥。

（7）继续执行 fun1()函数，如⑦。

（8）遇到 fun1()函数的右花括号返回调用它的 main()函数，如⑧。

（9）继续执行 main()函数，直到结束，如⑨。

注意 main()函数能调用其他函数，其他函数不能调用 main()函数，但其他函数可以相互调用，并可以调用多次。

7.5.2 函数的递归调用

C 语言允许函数的**递归调用**，即在调用一个函数的过程中，出现直接或间接地调用该函数本身的情况。函数的递归调用分为两种：**直接递归**和**间接递归**。

1．直接递归

如图 7-5-2（a）所示，f()函数在执行过程中，又调用了它本身，即 f()函数，称为**直接递归**。

2．间接递归

如图 7-5-2（b）所示，f()函数在执行过程中，调用了 g()函数，转去执行 g()函数，在执行 g()函数的过程中又调用了 f()函数，称为**间接递归**。

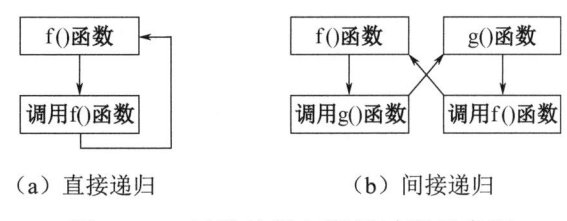

（a）直接递归　　　　（b）间接递归

图 7-5-2　函数的递归调用过程示意图

3．解决递归调用的两个关键点

（1）找出递归关系。例如，求 n!的递归关系：$n!=n*(n-1)!$ (当 $n>1$ 时)。

（2）必须有一个明确的递归结束条件。例如，求 n!的递归结束条件：$n!=1$(当 $n=1$ 时)。

4．递归调用的过程

当函数自己调用自己时，系统将自动把函数中当前的变量和形参变量暂时保留。在新一轮的调用过程中，系统将为该次调用的函数所用到的变量和形参开辟另外的存储单元。因此，递归调用的层次越多，同名单元所占的存储单元也越多。当本次调用的函数运行结束时，系统将释放本次调用所占用的存储单元，程序的流程返回上一个调用点，同时取用当初进入该层时函数中的变量和形参所占用的存储单元中的数据。

注意 要正确使用存储单元的数据，这个地方很容易用错。

例题解析

【例 7-5-1】 写出下列程序的运行结果。

```
#include<stdio.h>
int jc(int n)
{   int i,result=1;
    for(i=1;i<=n;i++)
        result*=i;
    return result;
}
int sum(int n)
{   int i;
    int result=0;
```

```
        for(i=1;i<=n;i++)
            result+=jc(i);
        return result;
    }
    main()
    {   int count,result;
        count=5;
        result=sum(count);
        printf("结果为：%d\n",result);
    }
```

解题分析 本题主要考查函数的嵌套相关知识。sum()函数的功能是将一组数据累加，jc()函数的功能是求一个数的阶乘（如 n!）。实际该题是最终计算 1!+2!+3!+4!+5! 的值，即 1+2+6+24+120=153。其执行过程如图 7-5-3 所示。

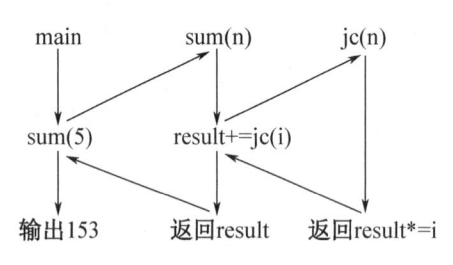

图 7-5-3 程序的执行过程

答案 153

拓展与变换 1. 如果 jc() 函数采用递归调用的方式，程序应如何修改？

2. 如果将函数中的变量 result 设置为静态局部变量，程序应如何修改？

【例 7-5-2】写出下列程序的运行结果。

```
#include<stdio.h>
int fun2(int a,int b)
{   int c;
    c=a*b%5;
    return c;
}
int fun1(int a,int b)
{   int c;
    a+=a;
    b+=b;
    c=fun2(a,b);
    return c*c;
}
main()
{   int x=21,y=12;
    printf("fun1(x,y)=%d,",fun1(x,y));
    printf("x=%d,y=%d",x,y);
}
```

解题分析 本题主要考查函数的嵌套。主函数调用 fun1() 函数，fun1() 函数又调用 fun2() 函数。主函数调用 fun1() 函数时，将 x、y 的值 21 和 12 分别传递给 fun1() 函数中的形参 a、b，即"a=21,b=12",执行"a+=a;b+=b;"相当于a、b分别乘2,即a=42,b=24。

fun1()函数调用fun2()函数时,将fun1()函数中a、b的值42和24分别传递给fun2()函数中的形参a、b(注意:它们虽然同名,但不是同一个变量,作用域也不同),执行"c=a*b%5;"后c=3。

在fun2()函数中,执行"return c;"后,返回函数值3,同时释放fun2()函数中的局部变量a、b、c。

在fun1()函数中执行"return c*c;"后,返回函数值9,同时释放fun2()函数中的局部变量a、b、c。x、y的值仍为21和12。

答案 fun1(x,y)=9,x=21,y=12

【例7-5-3】 写出下列程序的运行结果。

```
#include<stdio.h>
long fun(int n)
{   long s;
    if(n==1||n==2)s=3;
    else s=2*n+fun(n-1);
    return s;
}
main()
{
    printf("s=%ld\n",fun(3));
}
```

解题分析 本题主要考查函数的递归调用。程序的执行过程如图7-5-4所示。

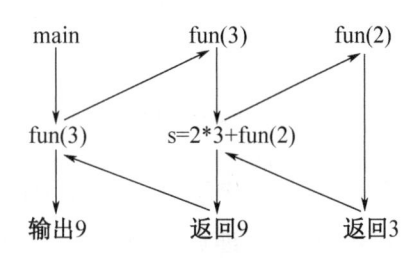

图7-5-4 程序的执行过程

答案 s=9

【例7-5-4】 写出下列程序的运行结果。

```
(1) #include<stdio.h>
(2) void func1(int i);
(3) void func2(int i);
(4) char st[]="hello,friend!";
(5) void func1(int i)
(6) {
(7)     printf("%c",st[i]);
(8)     if(i<3) { i+=2;func2(i);}
(10) }
(11) void func2(int i)
```

```
(12) {
(13)     printf("%c",st[i]);
(14)     if(i<3){ i+=2;func1(i);}
(16) }
(17) main()
(18) {
(19)     int i=0;
(20)     func1(i);
(21)     printf("\n");
(22) }
```

解题分析 本题主要考查函数的递归调用，属于间接递归调用，这类题不是很常见。执行程序时，首先调用 func1(0)函数，输出 st[0]，即"h"，然后 i 的值变为 2，调用 func2(2)函数，输出 st[2]，即"l"，接着 i 的值变为 4，调用 func1(4)函数，输出 st[4]，即"o"；然后函数逐级返回；最后结果为 hlo。程序的执行过程如图 7-5-5 所示。

答案 hlo

拓展与变换 如果分别在语句(8)和语句(10)之间、语句(14)和语句(16)之间加入"printf("%c",st[i]);"语句，程序的结果如何？

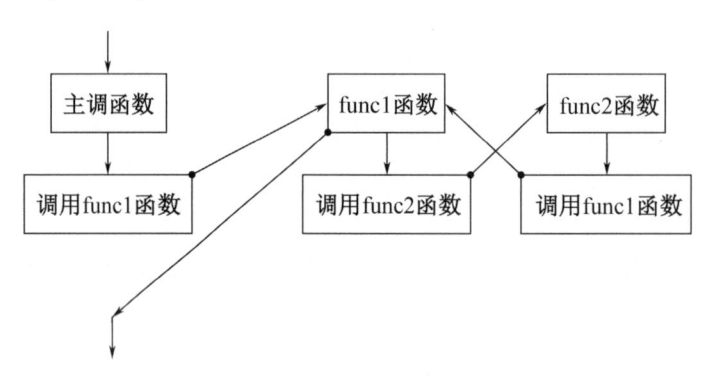

图 7-5-5　程序的执行过程

【例 7-5-5】 编写程序，用键盘输入一个整数 n，利用递归方法求 n!。

解题分析 根据阶乘的性质可以有下面的递归公式。

$$n! \begin{cases} 1 & (n \leq 1) \\ n \times (n-1)! & (n > 1) \end{cases}$$

例如，5!=5×4!，4!=4×3!，3!=3×2!，2!=2×1!，1!=1。

在 fact()函数中，使用一个 if 语句来避免无限递归。当递归到 n 小于或等于 1 时，停止调用，并将阶乘值返回到上一层调用。上一层根据返回值求得新的阶乘值，并返回到其上一层调用。如此回代，最终可求得 n!。由于阶乘数值较大，因此使用 long 型变量存放阶乘值。

答案

```
#include<stdio.h>
long fact(int n)                    //求n的阶乘函数
{   long s;
    if(n<=1)s=1;                    //条件满足，终止递归
    else s=n*fact(n-1);             //条件不满足，继续递归
    return s;
```

```
}
main()
{
    int n;
    long result;
    printf("Input n:");
    scanf("%d",&n);
    result=fact(n);                    //调用函数，求n!
    printf("%d!=%ld\n",n,result);
}
```

巩固练习

一、程序阅读题

1.
```
#include<stdio.h>
sub(int n)
{   return n%3;
}
fun(int n)
{   int sum=0;
    while(n>1)
    {   sum=sum+sub(n/2);
        n=n/2;
    }
    return sum;
}
main()
{   int x=16;
    printf("%d\n",fun(x));
}
```
程序运行后的结果为_____。

2.
```
#include<stdio.h>
long r(long n)
{
    long f;
    if(n<10)return n;
    else
    {
        f=r(n/100)*10+n%10;
        return f;
    }
}
main()
{
```

```
   long a=1234567;
   printf("%ld\n",r(a));
}
```
程序运行后的结果为_____。

3.
```
#include<stdio.h>
void p(int w)
{
   int i;
   if(w>0)
   {
      p(w-1);
      for(i=0;i<w;i++)
         printf("%2d",w);
      printf("\n");
      p(w-1);
   }
}
main()
{
   p(3);
}
```
程序运行后的结果为_____。

4.
```
#include<stdio.h>
long fact(long i)
{
   if(i<=1)
      return i;
   else
      return fact(i/2)*10+i%2;
}
main()
{
   long deci,binary;
   deci=123;
   binary=fact(deci);
   printf("binary=%d\n",binary);
}
```
程序运行后的结果为_____。

二、程序填空题

5. 下列程序的功能：求数列 $f(n)=f(n-1)+f(n-2)$ 的第 n 项，其中 $f(1)=f(2)=1$。请完善程序。

```
#include<stdio.h>
int f(int n)
```

```
{  if(n<3)_____;
   return _____;
}
main()
{  int n,s;
   scanf("%d",&n);
   s=f(n);
   printf("f(%d)=%d\n",n,s);
}
```

6. 下列程序的功能：计算 1~n 中的所有素数之和。请完善程序。

```
#include<stdio.h>
#include<math.h>
double addprime(int n);
int isprime(int a);
main()
{  int n=200;
   printf("1-%d:%lf\n",n,addprime(_____));
}
double addprime(int n)
{  int i;
   double s=0;
   for(i=1;i<=n;i++)
      if(isprime(_____)) s=s+i;
   return s;
}
int isprime(int a)
{  int i;
   if(a==1)return 0;
   for(i=2;i<=sqrt(a);i++)
      if(_____) return 0;
   return 1;
}
```

三、编程题

7. 编写程序，用递归算法计算斐波那契级数的第 n 项。斐波那契级数的前两项为 1，从第 3 项起每项是前两项之和，即 1，1，2，3，5，8，13，21……。

8. 编写程序，用递归算法计算两个整数 a、b 的最大公约数。

7.6 函数的应用

学习目标

1. 进一步掌握函数定义和调用的方法。
2. 熟练掌握参数传递的原理及函数嵌套调用。

3. 进一步理解变量的存储类型、生存期和作用域。
4. 熟练掌握函数的典型例题。

内容提要

函数是实现结构化程序设计的基础。C语言提供了大量的预定义函数，称为库函数。对于一些特定的问题，用户需要通过自定义函数加以解决。

在函数调用时实参要传递给形参，实参和形参在顺序、类型、个数上必须完全一致。

参数传递有两种方式，即值传递和地址传递。值传递是单向的，地址传递是双向的。当函数的形参是数组名时，主调函数传递给形参的不是实参数组的全部元素值，而是实参数组在内存中的起始地址，即传递内存首地址。C语言系统不会为形参数组分配内存用于存储实参数组各元素，这样尽管形参数组名可能和实参数组名不同，但表示的是同一个数组，指向同一块内存区域。被调函数对形参数组的一切操作，实际上就是对主调函数中实参数组的操作。这样，函数调用时只传递了数组的首地址，省去了传递大量数组元素所产生的时间、空间开销，提高了程序的执行效率。

函数可以用语句、参数或表达式等形式调用，但必须遵循"先定义，后调用"的原则。如调用在前，定义在后，则必须在调用前进行函数声明。函数不能嵌套定义，但函数可以嵌套调用和递归调用。

定义在函数外的变量为全局变量，定义在函数内的变量为局部变量。标识符作用域是在程序正文中能够引用这个标识符的那部分区域。标识符的存储特性决定了标识符在内存中的生存时间，即生命周期。标识符的存储类别有自动变量（auto）、静态变量（static）、寄存器变量（register）和外部变量（extern）。

例题解析

【例7-6-1】 （真题）阅读下列程序，并回答问题。

```
(1) #include<stdio.h>
(2) main()
(3) {
(4)     void sum_num(int *p);
(5)     int num;
(6)     int *num_p;
(7)     printf("Please enter an integer:\n");
(8)     scanf("%d",&num);
(9)     num_p=&num;
(10)    sum_num(num_p);
(11)    printf("%d\n",num);
(12) }
(13) void sum_num(int *p)
(14) {
(15)     int n,s=0,d=*p;
(16)     while(d!=0)
(17)     {
```

```
(18)            n=d-(d/10)*10;
(19)            s=s+n;
(20)            d=d/10;
(21)        }
(22)        *p=s;
(23) }
```

上述程序中，编译预处理命令位于第_____行；从第（17）行到第_____行是一条复合语句；自定义函数的调用语句位于第_____行；第（6）行定义了一个指向整型数据类型的_____变量 num_p。

解题分析 本题是一道包含函数的基本题，涉及编译预处理命令、复合语句、自定义函数的调用语句和指针变量几个知识点。在 C 语言中，以 "#" 开头的，是一个编译预处理命令，程序位于第（1）行。复合语句是从 "{" 开始的，到 "}" 结束。自定义函数的调用语句位于第（10）行。第（6）行定义的变量 num_p 为指针变量。指针是 C 语言中的一个重要概念，也是 C 语言的特色。指针即内存地址，指针变量是用来存放这些内存地址的变量。

答案 1   21   10   指针

【例 7-6-2】 编写程序，判断 sub_str 是否为 str 串的子串。判断的过程采用子函数实现。在函数中，如果其是子串，则返回 sub_str 在 str 中的位置（下标）；如果不是子串，则返回 -1。

解题分析 一个字符串是另一个字符串的子串，就是指这个字符串（子串）完全出现在另一个字符串（主串）中。例如，"bcd" 出现在 "abcdefgh" 中，所以 "bcd" 是 "abcdefgh" 的子串，而 "bcf" 不是 "abcdefgh" 的子串。判断一个字符串是不是另一个字符串的子串的方法如下。

（1）先计算 str 与 sub_str 的长度差 len，当长度差小于 0 时，函数直接返回 -1。

（2）当 len 大于 0 时，主串 str 下标从 0 开始，直到 len。

（3）str 每段从 i 开始逐个取出单个字符，与 sub_str 从 0 开始逐个取出的单个字符比较，若 sub_str 全部比较完，所有字符均相等，则说明 sub_str 是 str 的子串，否则不是子串。

答案

```
#include<stdio.h>
#include<string.h>
#include<ctype.h>
int find(char str[],char sub_str[])
{
    int len,i,j;
    len=strlen(str)-strlen(sub_str);
    if(len<0)
        return -1;
    for(i=0;i<=len;i++)      //从下标0开始，直到len为止，逐段比较
    {
        j=0;
        while(str[i+j]==sub_str[j]&&sub_str[j]!=0)    //逐个字符比较
            j++;
        if(sub_str[j]==0)    //当sub_str[j]==0时，表示sub_str[j]是str的子串
            return i;
```

```
        }
        return -1;
}
main()
{
    char str[10]="abcdefgh",sub_str[][10]={"bcd","bce"};
    int i,pos;
    for(i=0;i<2;i++)
    {
        pos=find(str,sub_str[i]);
        if(pos==-1)
            printf("%s不是%s的子串。\n",sub_str[i],str);
        else
            printf("%s是%s的子串，起始位置:%d。\n",sub_str[i],str,pos);
    }
}
```

【例 7-6-3】（真题）下列程序的功能：输入四个正整数 x、m、y、n，求 $\dfrac{x}{m}+\dfrac{y}{n}$ 最简分式输出。例如，输入 5、12、7、16，输出 41/48；输入 1、2、1、2，输出 1。请完善程序。

```
#include<stdio.h>
int gcd(int a,int b);              //求最大公约数
int lim(int a,int b);              //求最小公倍数
main()
{
    int x,m,y,n;
    int num_lcm,num_gcd,d;
    do
    {
        printf("Please enter x,m,y,n of x/m+y/n:\n");
        scanf("%d%d%d%d",&x,&m,&y,&n);
    }_____①_____(x<=0||y<=0||m<=0||n<=0);
    num_lcm=lim(m,n);
    d=num_lcm/m*x+_____②_____/n*y;
    num_gcd=gcd(d,num_lcm);
    printf("%d/%d+%d/%d=",x,m,y,n);
    if(num_lcm/num_gcd!=_____③_____)
        printf("%d/%d\n",d/num_gcd,num_lcm/num_gcd);
    else
        printf("%d\n",d/num_gcd);
}
int gcd(int a,int b)
{
    int t;
    while(_____④_____)
    {
        t=a%b;
```

```
        a=b;
        b=t;
    }
    return b;
}
int lim(int a,int b)
{
    int num;
    num=a*b/gcd(a,b);
    return num;
}
```

解题分析 本题是真题，是一道关于两个分数相加得出最简分式的题目，难度较大。该程序由1个主函数和求最大公约数和最小公倍数的2个子函数构成。本题所求的最大公约数子函数，是一个典型的函数。分析该程序段，空白④处为"a%b!=0"。在主函数中，空白①处是一个do/while循环语句，因此，空白①处为while。经分析可以发现，变量d和num_lcm分别表示分数的分子和分母。变量num_gcd为该分子和分母的最大公约数，num_lcm/num_gcd表示分母与最大公约数（分子与分母的最大公约数）的比值。如果不为1，分子分母分别除以最大公约数，得出最后结果；如果为1，则最后结果为d/num_gcd。

答案 ① while   ② num_lcm   ③ 1   ④ a%b!=0

【例7-6-4】 编写程序，利用"更相减损术"计算两个正整数的最大公约数和最小公倍数。"更相减损术"是我国古代数学专著《九章算术》中计算两个正整数的最大公约数和最小公倍数的方法。方法如下：

$$\gcd(a,b) = \begin{cases} a & (a=b) \\ \gcd(a-b,b) & (a>b) \\ \gcd(a,b-a) & (a<b) \end{cases}$$

a、b 两数的最小公倍数为 $a \times b/\gcd(a,b)$

解题分析 本题用的是"更相减损术"，又称为"辗转相减法"，类似"辗转相除法"。其算法的核心思想：如果 $a=b$，它们的最大公约数为 a(或 b)；如果 $a>b$，递归调用函数为 $\gcd(a-b,b)$；如果 $a<b$，递归调用函数为 $\gcd(a,b-a)$，直到变量 $a=b$ 为止。a、b 两数的最小公倍数为 $a \times b/\gcd(a,b)$。

答案
```
#include <stdio.h>
int gcd(int a,int b)
{
    if(a==b)
        return a;
    else if(a>b)
        gcd(a-b,b);
    else
        gcd(a,b-a);
}
main()
```

```
{
    int a,b,gys,gbs;
    printf("Input a,b:");
    scanf("%d%d",&a,&b);
    gys=gcd(a,b);
    gbs=a*b/gys;
    printf("gys=%d,gbs=%d\n",gys,gbs);
}
```

巩固练习

一、程序阅读题

1.

```
#include<stdio.h>
main()
{
    int i;
    void f();
    for(i=1;i<=5;i++)
        f() ;
}
void f()
{
    static int j=0;
    j++;
    printf("%d\t",j);
}
```

程序运行后的结果为_____。

2.

```
#include<stdio.h>
void fun(int s[])
{
    static int j=0;
    do
    {
        s[j]+=s[j+1];
    }while(++j<4);
}
main()
{
    int k,a[10]={1,2,3,4,5,6,7,8,9,10};
    for(k=1;k<3;k++)
        fun(a);
    for(k=0;k<6;k++)
        printf("%3d",a[k]);
}
```

程序运行后的结果为_____。

3.
```c
#include<stdio.h>
int fun(int a)
{
    int b=0;
    static int c=4;
    a=c++;
    b++;
    return a;
}
main()
{
    int a=2,i;
    for(i=0;i<3;i++)
        printf("%d\t",fun(a++));
}
```
程序运行后的结果为_____。

4.
```c
#include<stdio.h>
void num()
{
   extern int x;
   static int y;
   int a=15,b=10;
   x+=a-b;
   y+=a+b;
}
int x,y;
main()
{
   int i,a=7,b=5;
   for(i=0;i<3;i=i+2)
   {
       x+=a+b;
       y+=a-b;
       num();
       printf("x=%d,y=%d\n",x,y);
   }
}
```
程序运行后的结果为_____。

二、程序填空题

5. 下列程序的功能：计算$(1!)^2+(2!)^2+(3!)^2+(4!)^2+(5!)^2$的值。请完善程序。

```c
#include<stdio.h>
long f1(int p)
{
```

```
    int k;
    long r;
    long f2(int);
    r=f2(p);
    return _____;
}
long f2(int q)
{
    int i ;
    long c=1 ;
    for(i=1;i<=q;i++)
        c=c*i ;
    return _____;
}
main()
{
    int i;
    long s=0;
    for(i=1;i<=5;i++)
        s=s+_____;
    printf("s=%ld\n",s);
}
```

6. 小明编写了 int ch(int f,int x,int t)函数，可以将 f 进制数的正整数 x 转换成 t 进制的正整数。但是在 f 和 t 两个参数中，必须有一个是 10。小明发现只要连续调用 ch 函数 2 次，利用十进制过渡，就可以实现两个任意进制（进制不大于 10）的正整数的相互转换。程序运行结果如下。

六进制的 125 = 9 进制的 58，9 进制的 58 = 六进制的 125。请完善程序。

```
#include<stdio.h>
ch(int f,int x,int t)
{
    int m,p;
    m=0;
    p=1;
    while(x)
    {
        m=m+x%t*p;
        x/=t;
        p=_____;
    }
    _____;
}
int chft(int f,int x,int t)
{
    return ch(10,ch(_____),t);
}
main()
```

```
{
    printf("六进制的125=9进制的%d\n",chft(6,125,9));
    printf("9进制的58=六进制的%d\n",chft(9,58,6));
}
```

7．函数 int change(int x)的功能：对整型参数 x 逐次取其最高位、最低位、次高位、次低位……形成一个新的整数 y，并返回。若 x 分别为 12345 和 123456，则程序运行结果如下：

12345 -> 1524

123456-> 162534

请完善程序。

```
#include<stdio.h>
#include<math.h>
#include<stdlib.h>
int change(int x)
{
    int f,p,y;
    y=x;
    p=1;
    while(y>10)
    {
        p*=10;
        y=_____;
    }
    y=0;
    f=0;
    while(x)
    {
        if(f)
        {   y=y*10+x%10;
            _____;
        }
        else
        {
            y=y*10+_____;
            x%=p;
        }
        p/=10;
        f=1-f;
    }
    return y;
}
main()
{
    printf("12345 ->%6d\n",change(12345));
    printf("123456 ->%6d\n",change(123456));
}
```

三、编程题

8．编写程序，找出 10～99 中具有如下性质的数：该数是它本身平方数的子序列。例如，

60 的平方数是 3600，3600 中包含 60，那么 60 就是 3600 的子序列。36 的平方数是 1296，1296 中不包含 36，所以 36 不是 1296 的子序列。编程时要求使用函数 int check(int n)检查整数 n 是不是其平方数的子序列。

9．字符串 str 中字符形为"7/2""1/6""1/5""12/21""8/9""15/14"，将其中形为"7/2""1/6"等的数视作分数。编写以下函数：

（1）函数 int change(char str[],int fs [][2])将 str 字符串中形为"7/2""1/6"等的数字字符转换为整数，保存在 fs 数组中。其中 fs 数组第一列保存分子，第二列保存分母。例如，"7/2"转换为 7 和 2，其中 7 作为分子，2 作为分母；"1/6"转换为 1 和 6，1 作为分子，6 作为分母。函数返回分数个数。

（2）函数 void sort(int fs[][2],int n)对由 change 函数产生的 n 行二维数组 fs，按照分数值的大小进行降序排序。

10．用递归函数实现勒让德多项式：

$$P_n(x) = \begin{cases} 1 & (n=0) \\ x & (n=1) \\ [(2n-1)xP_{n-1}(x)-(n-1)P_{n-2}(x)]/n & (n>1) \end{cases}$$

在主函数中求 $P_4(1.5)$。

第 8 章

文 件

考纲要求

★ 理解文件及文件指针的定义。
★ 掌握文件的打开和关闭。
★ 掌握文件的读/写操作。
★ 掌握文件中的常用函数。

8.1 文件指针及文件的打开和关闭

学习目标
1. 理解文件的概念。
2. 掌握文件指针的定义。

内容提要

8.1.1 文件的概念

1. 文件

文件（file）是指存储在外部介质上的数据集合。这个数据集合有一个名字，叫文件名。操作系统是以文件为单位对数据进行管理的，想找到存储在外部介质上的数据，必须先按文件名找到所指定的文件，然后再从该文件中读取数据。

在 C 语言中，文件是由一个一个字符数据组成的，而不是由记录组成的，因此 C 语言文件又称为流式文件。根据数据的组织形式，可分为 **ASCII 文件**和**二进制文件**。

2. ASCII 文件

ASCII 文件也称为文本文件，这种文件在磁盘中存放时每个字符对应一字节，用于存放对应的 ASCII 码。

例如，整数 5 用 ASCII 码存储形式为 00110101，占用一字节。

3. 二进制文件

二进制文件是按二进制的编码方式来存放文件的。

例如，整数 5 用二进制存储形式为 00000000 00000101，占用两字节。

4. ASCII 文件和二进制文件的区别

（1）ASCII 文件在进行输入/输出时都要经过转换，效率低，而二进制文件无需转换。

（2）ASCII 文件中的数据可在终端上显示，而二进制文件不能。

（3）二进制文件中同种类型数据占据相同的字节数，如-18 和-32134 均占用两字节，而在 ASCII 文件中，它们分别占用三字节和六字节。

（4）因 ASCII 码的标准是统一的，所以 ASCII 文件可移植，而二进制文件可移植性差。

8.1.2 文件指针的定义

在 C 语言中通过**文件指针**能够找到与它相关的文件。一般有几个文件就有几个文件指针。这样，对文件的访问就转化为对文件指针的操作。

文件指针的定义格式：

`FILE *文件指针变量名;`

例如，"FILE *fp;"。

fp 称为文件指针，fp 指向 FILE 结构。

注意 FILE 必须大写，它是 C 语言在 "stdio.h" 中声明的一个结构体数据类型，该结构中包含文件名、文件状态和文件当前读写位置等信息。

一条文件指针定义语句中，可以定义多个文件指针。例如：

FILE *fp1,*fp2;

8.1.3 文件的打开和关闭

任何一个文件的操作都要经过三个步骤：打开文件、读/写数据、关闭文件。也就是说，文件在进行读/写操作之前要先打开文件（所谓打开文件，实际上是建立文件的各种有关信息，并使文件指针指向该文件，以便进行其他操作），使用完成后要关闭文件（所谓关闭文件，是指断开指针与文件之间的联系）。

1. 文件的打开[fopen()函数]

fopen()函数用来打开一个文件，其调用的一般形式如下。

```
fp=fopen(文件名,文件使用方式);
```

例如：

```
FILE *fp;                        //定义一个文件指针
fp=fopen("stud.dat","w");        //打开一个名为"stud.dat"的文件，并准备进行写操作
```

注意

① 文件名和文件打开方式均要加上双引号。

② 如果文件名中含有路径的反斜杠，要用双反斜杠。例如 "d:\\VC\\stud.dat"。

③ 如果打开成功，则 fopen()函数返回一个指向文件的指针并赋给 fp，这样 fp 就与文件联系起来了，这时通过 fp 可对指定文件进行操作。如果打开不成功，则返回 NULL。

2. 文件的关闭[fclose()函数]

（1）fclose()函数用来关闭一个文件，其调用的一般形式如下。

```
fclose(文件指针);
```

例如：

```
fclose(fp);              //关闭文件
```

（2）作用：关闭文件，使文件指针与文件断开，此后不能再通过该指针对原来与其相连的文件进行任何操作。

注意 若关闭成功则返回 0；否则，返回 EOF（-1）。每条 fclose()语句只能关闭一个文件指针。

例题解析

【例 8-1-1】 下列关于文件操作的叙述，正确的是（　　）。

A．对文件操作必须先关闭文件

B．对文件操作必须先打开文件

C．对文件的操作没有统一规定

D．对文件的操作不用打开和关闭文件

解题分析 本题主要考查文件的概念和文件的操作过程。对文件的操作包含以下几个步骤：文件的打开（文件打开之前，需要定义文件指针）、文件的操作（读操作、写操作和追加操作

等),文件的关闭。因此选项A、C、D都是错误的,选项B正确。

答案 B

【例8-1-2】 C语言可以处理的文件类型有( )。

  A. 文本文件和数据文件   B. 数据文件和二进制文件
  C. 文本文件和二进制文件   D. 任何类型的文件

解题分析 本题主要考查C语言中文件的组织形式。C语言中的数据按照其在内存中的组织形式不同,可分为文本文件和二进制文件。因此选项A、B、D都是错误的,选项C正确。

答案 C

【例8-1-3】 在C语言中,若要打开一个已存在的非空文件"test.dat"(此文件用于修改),则正确的语句是( )。

  A. fp=fopen("test.dat","r");   B. fp=fopen("test.dat","r+");
  C. fp=fopen("test.dat","w");   D. fp=fopen("test.dat","a+");

解题分析 本题主要考查fopen()函数的使用方式。选项A是以只读的方式打开文件,选项C是以只写的方式打开文件,此时文件在打开时,原有内容已被删除。选项D是以"a+"的方式打开文件,此时,保留文件中原有的数据,文件指针的位置在文件末尾,可以对文件进行追加或读操作。因此选项A、C、D都是错误的,选项B正确。

答案 B

【例8-1-4】 在C语言中,文件的存取方式是( )。

  A. 只能顺序存取

  B. 只能随机存取

  C. 可以顺序存取,也可以随机存取

  D. 存取方式是以记录为单位的

解题分析 本题主要考查C语言中文件的存取方式。在C语言中,文件的存取方式是既可以顺序存取,也可以随机存取。因此,选项C是正确的。

答案 C

【例8-1-5】 "FILE *p"的作用是定义一个文件指针变量,其中的"FILE"是在_____头文件中定义的。

解题分析 本题主要考查C语言中文件指针定义方面的知识。在C语言中,FILE是在stdio.h头文件中定义的。

答案 stdio.h

巩固练习

一、选择题

1. 可以打开D盘上user1文件夹下名为ab.txt的文本文件进行读操作的函数是( )。

A． fopen("D:\user1\ab.txt","r") B． fopen("D:\\user1\\ab.txt","r")
C． fopen("D:\user1\ab.txt","rb") C． fopen("D:\\user1\\ab.txt","w")

2．在 C 语言中，可以处理的文件为（　　）。
A．文本文件和数据块文件　　B．文本文件和二进制文件
C．数据文件和二进制文件　　D．任何类型文件

3．当顺利执行了文件关闭操作时，fclose()函数的返回值是（　　）。
A．-1　　　　B．TRUE　　　　C．0　　　　D．1

4．若需要从一个已经存在的非空文件"test.dat"中读取数据，则下面正确的是（　　）。
A．fp=fopen("test.dat ","r");　　B．fp=fopen("test.dat ","ab+");
C．fp=fopen("test.dat ","w+");　　D．fp=fopen("test.dat ","r+");

5．若要打开 D 盘上 user1 子目录下名为 abc.txt 的文本文件进行读、写操作，下面符合此要求的函数调用是（　　）。
A．fopen("D:\\user1\\abc.txt","r")
B．fopen("D:\\user1\\abc.txt","r+")
C．fopen("D:\\user1\\abc.txt","rb")
D．fopen("D:\\user1\\abc.txt","w")

6．在 C 语言中，文件组成的基本单位为（　　）。
A．记录　　　B．数据行　　　C．数据块　　　D．字符序列

7．在 C 语言中，常用如下方法打开一个文件，其中函数 exit(0)的作用是（　　）。
```
if((fp=fopen("file1.c","r"))==NULL)
{   printf("cannot open this file\n");exit(0);}
```
A．退出 C 环境
B．退出所在的复合语句
C．当文件不能正常打开时，关闭所有的文件，并终止正在调用的过程
D．当文件正常打开时，终止正在调用的过程

8．执行下列程序段后，盘上生成的文件的全名是（　　）。
```
#include<stdio.h>
FILE *fp;
fp=fopen("file","w");
```
A．file　　　B．file.c　　　C．file.dat　　　D．file.txt

9．系统的标准输出文件是指（　　）。
A．键盘　　　B．显示器　　　C．软盘　　　D．硬盘

10．若要用 fopen()函数打开一个新的二进制文件，该文件要既能读也能写，则文件方式应是（　　）。
A．"ab+"　　　B．"wb+"　　　C．"rb+"　　　D．"ab"

8.2 文件的读/写操作

学习目标

1. 掌握文件读/写操作的过程。
2. 掌握文件读/写操作的4种方式。

内容提要

8.2.1 文件读/写操作的过程

文件读/写操作的过程分为3个步骤：

（1）文件的打开［fopen()函数］。
（2）文件的读/写操作（4种方式）。
（3）文件的关闭［fclose()函数］。

8.2.2 文件读/写操作的4种方式

1. 4种文件读/写函数的格式和功能

4种文件读/写函数的格式和功能，如表8-2-1所示。

表8-2-1　4种文件读/写函数的格式和功能

类型	读/写操作	格式	功能
单个字符读/写函数	读操作 fgetc()	ch=fgetc(fp);	从指定的文件读取一个字符赋给变量 ch，若文件结束，则返回 EOF，其值为-1
	写操作 fputc()	fputc(ch,fp);	将字符 ch 写入 fp 所指向的文件中
字符串读/写函数	读操作 fgets()	fgets(str,n,fp);	从 fp 指向的文件中读取 n-1 个字符（其末尾加 '\0' 即构成了 n 个字符的字符串），把它们存放到字符数组 str 中
	写操作 fputs()	fputs(str,fp);	向指定文件写入一个字符串，最后的 '\0' 不写入
数据块读/写函数	读操作 fread()	fread(buffer,size,count,fp);	从 fp 指向的文件中读取 count 个大小为 size 的数据项，存放到 buffer 指向的存储单元中
	写操作 fwrite()	fwrite(buffer,size,count,fp);	向 buffer 指向的存储单元中写入 count 个大小为 size 的数据项，送到 fp 指向的文件中
格式化读/写函数	读操作 fscanf()	fscanf(fp，格式字符串，输入表列);	从文件指针指向的文件中按规定的格式读取数据到变量中
	写操作 fprintf()	fprintf(fp，格式字符串，输出表列);	将输出表列中的变量按规定的格式写入文件指针指向的文件中

2．文件读/写函数原则

从功能角度来说，fread()函数和fwrite()函数可以完成文件的任何数据的读/写操作。为方便起见，一般依以下原则选用：

（1）读/写一个字符（或字节）数据时，选用fgetc()函数和fputc()函数。
（2）读/写一个字符串时，选用fgets()函数和fputs()函数。
（3）读/写一个或多个不含格式的数据时，选用fread()函数和fwrite()函数。
（4）读/写一个或多个含格式的数据时，选用fscanf()函数和fprintf()函数。

对使用文件类型的要求：

（1）fgetc()函数和fputc()函数主要对文本文件进行读/写，但也可以对二进制文件进行读/写。
（2）fgets()函数和fputs()函数主要对文本文件进行读/写，对二进制文件操作无意义。
（3）fread()函数和fwrite()函数主要对二进制文件进行读/写，但也可以对文本文件进行读/写。
（4）fscanf()函数和fprintf()函数主要对文本文件进行读/写，对二进制文件操作无意义。

注意 在C语言中，对文件的操作都是通过调用有关的函数来实现的，函数调用是否成功，可用两种手段来检测。一种是由函数的返回值来确定，如调用fgets()、fputs()、fgetc()、fputc()等函数时，若文件结束或文件出错，则返回值为EOF（-1）；调用fread()、fopen()、fclose()等函数时，若出错，则返回值为NULL。另一种是用出错检测函数ferror()来检测。

例题解析

【例8-2-1】 程序运行时分别输入"start"和"end"，写出下列程序的运行结果。

```
#include<stdio.h>
void writestr(char str[])
{   FILE *fp1;
    fp1=fopen("f1.dat","w");
    fputs(str,fp1);
    fclose(fp1);
}
main()
{   FILE *fp2;int i;
    char str[80];
    for(i=0;i<2;i++)
    {   printf("请输入字符串：");
        gets(str);
        writestr(str);
    }
    fp2=fopen("f1.dat","r");
    while(!feof(fp2))
        putchar(fgetc(fp2));
    fclose(fp2);
}
```

解题分析 本题主要考查文件的建立和文件的读取。writestr()函数的功能是建立一个新文件"f1.dat",若该文件已经存在,则在新建前将其中的内容清除掉。本题主函数两次调用writestr()函数,第一次调用将"start"写入文件"f1.dat"中,第二次调用将"end"写入文件"f1.dat"中。注意,此时会将文件"f1.dat"的原内容清除掉,即文件中的内容为"end"。因此,在main()函数读取文件"f1.dat"中的内容后,在屏幕上显示的结果为"end"。

答案 end

【例 8-2-2】 下列程序的功能:先使用 fwrite()函数将杨辉三角形数据以整行为单位进行写入(每行的元素一次性写入),文件名为"yh.dat";再用 fread()函数从该文件中读取数据到内存,最后输出杨辉三角形。请完善程序。

```
#include<stdio.h>
#define N 9
main()
{   int yha[N][N],yhb[N][N],i,j;
    int len=_____①_____;
    FILE *fp;
    for(i=0;i<N;i++)
    {   yha[i][0]=yha[i][i]=1;
        for(j=1;j<i;j++)
            yha[i][j]=_____②_____;
    }
    fp=fopen(_____③_____);
    for(i=0;i<N;i++)
        fwrite(yha[i],len,1,fp);
    fclose(fp);
    fp=fopen("yh.dat","r");
    for(i=0;i<N;i++)
    {   fread(_____④_____);
        for(j=0;j<=i;j++)
            printf("%4d",yhb[i][j]);
        printf("\n");
    }
    fclose(fp);
}
```

解题分析 本题要求用 fwrite()函数将杨辉三角形数据写入文件中,因此该题要考虑以下两个方面的问题:①产生杨辉三角形数据;②进行文件的写操作和读操作。在进行文件的读/写操作时,由于题目要求一次性读/写杨辉三角形每行中的所有元素,所以一次写入的数据块长度应大于或等于最后一行所有元素的字节总数,即 len=sizeof(int)*N,所以①处应填写 sizeof(int)*N。另外,根据写操作和读操作的对称性,可以把③处和④处的内容填写出来。根据杨辉三角形的构成,②处应填写 yha[i-1][j-1]+yha[i-1][j]。

答案 ① sizeof(int)*N ② yha[i-1][j-1]+yha[i-1][j] ③ "yh.dat","w" ④ yhb[i],len,1,fp

巩固练习

一、选择题

1. fscanf()函数的正确调用形式是（　　）。
   A．fscanf(fp,格式字符串,输出表列);
   B．fscanf(格式字符串,输出表列,fp);
   C．fscanf(格式字符串,fp,输出表列);
   D．fscanf(fp,格式字符串,输入表列);

2. 若调用 fputc()函数输出字符成功，则其返回值是（　　）。
   A．EOF　　　　B．1　　　　C．0　　　　D．输出的字符

3. fwrite()函数的一般调用形式是（　　）。
   A．fwrite(buffer,count,size,fp);
   B．fwrite(buffer,size,count,fp);
   C．fwrite(fp,count,size,buffer);
   D．fwrite(fp,size,count,buffer);

4. 下列程序的主要功能是（　　）。

```c
#include<stdio.h>
main()
{ FILE *fp;
  double x[4]={-12.1,12.2,-12.3,12.4};
  int i;
  fp=fopen("data1.dat","wb");
  for(i=0;i<4;i++)
      fwrite(&x[i],8,1,fp);
  fclose(fp);
}
```

   A．创建空文档 data1.dat
   B．创建文本文件 data1.dat
   C．将数组 x 中的 4 个实数写入文件 data1.dat 中
   D．定义数组 x

5. 下列程序执行后，文件"test.dat"中的内容是（　　）。

```c
#include<stdio.h>
#include<string.h>
void fun(char fn[],char st[])
{ FILE *myfp; int i;
  myfp=fopen(fn,"w");
  for(i=0;i<strlen(st);i++)
      fputc(st[i],myfp);
  fclose(myfp);
}
main()
{ fun("test.dat","new world");
```

```
        fun("test.dat","hello,");
}
```
  A．hello,　　　　　　　　　　　B．new world hello,
  C．new world　　　　　　　　　D．hello, rld

6．假定当前盘符下有两个文件，一个文件名为"a1.dat"，内容为"abc#"，另一个文件名为"a2.dat"，内容为"cba#"，则下列程序执行后的结果为（ ）。

```
#include<stdio.h>
void fun(FILE *p)
{   char c;
    while((c=fgetc(p))!='#')
        putchar(c);
}
main()
{   FILE *fp;
    fp=fopen("a1.dat","r");
    fun(fp);
    fclose(fp);
    fp=fopen("a2.dat","r");
    fun(fp);
    fclose(fp);
    putchar('\n');
}
```
  A．abc　　　　B．cba　　　　C．abccba　　　　D．以上均错

7．要将存放在双精度型数组 a[10]中的 10 个双精度型实数写入文件型指针 fp1 指向的文件中，下列语句正确的是（ ）。

  A．for(i=0;i<80;i++) fputc(a[i],fp1);

  B．for(i=0;i<10;i++) fputc(&a[i],fp1);

  C．for(i=0;i<10;i++) fwrite(&a[i],8,1,fp1);

  D．fwrite(fp1,8,10,a);

8．下列程序的主要功能是（ ）。

```
#include<stdio.h>
main()
{   FILE *fp;
    long count=0;
    fp=fopen("q1.c","r");
    while(!feof(fp))
    {   fgetc(fp);
        count++;
    }
    printf("count=%ld\n",count);
    fclose(fp);
}
```
  A．读文件中的字符　　　　　　　B．统计文件中的字符数并输出
  C．打开文件　　　　　　　　　　D．关闭文件

二、程序阅读题

9.
```c
#include<stdio.h>
main()
{
    int i=10,j=20,m,n;
    FILE *fp;
    fp=fopen("d1.dat","w");
    fprintf(fp,"%d\n%d",i,j);
    fclose(fp);
    fp=fopen("d1.dat","r");
    fscanf(fp,"%d%d",&m,&n);
    printf("m=%d,n=%d\n",m,n);
    fclose(fp);
}
```
程序运行后的结果为_____。

10.
```c
#include<stdio.h>
main()
{   FILE *fp;
    int m,n,x[]={1,3,5,7};
    fp=fopen("d2.dat","w");
    fprintf(fp,"%d%d\n",x[0],x[1]);
    fprintf(fp,"%d%d\n",x[2],x[3]);
    fclose(fp);
    fp=fopen("d2.dat","r");
    fscanf(fp,"%d%d",&m,&n);
    printf("m=%d,n=%d\n",m,n);
    fclose(fp);
}
```
程序运行后的结果为_____。

三、程序填空题

11. 下列程序运行时，输入数据 12、34、56、78、23、36、45、69、70、88 后，得到最终的输出结果为 12、23、34、36、45、56、69、70、78、88。请完善程序。

```c
#include<stdio.h>
#include<stdlib.h>
main()
{   FILE *fp;
    int i,j,temp;
    int a[10]={0};
    /*1--建立一个文本文件*/
    if((fp=_____("text.txt","w"))==NULL)
        exit(0);
    for(i=0;i<10;i++)
    {   scanf("%d",&a[i]);
        fwrite(&a[i],sizeof(int),1,fp);
```

```
       }
       fclose(fp);
/*2--读取文本文件中的数据*/
fp=fopen("text.txt","_____");
for(i=0;i<10;i++)
{   fscanf(fp,"%d",&a[i]);
    printf("%d,",a[i]);
}
printf("\n");
/*3--数据排序*/
for(i=0;i<9;i++)
    for(j=0;j<_____;j++)
    {   if(a[j]>a[j+1])
        {   temp=a[j]; a[j]=a[j+1]; a[j+1]=temp;}
    }
/*4--打印输出*/
for(i=0;i<10;i++)
    printf("%d,",_____);
printf("\n");
fclose(fp);
}
```

12. 下列程序将数组 a 的 4 个元素和数组 b 的 6 个元素写到名为"d3.dat"的二进制文件中。请完善程序。

```
#include<stdio.h>
main()
{   FILE *fp;
    char a[4]="1234", b[6]="abcedf";
    if((fp=fopen("_____","wb"))=NULL) exit(0);
    fwrite(a,sizeof(char),4,fp);
    fwrite(b,_____,1,fp);
    fclose(fp);
}
```

13. (真题)下列程序的功能：将存放在文件"1.txt"中的数字读出并用选择法排序。请完善程序。

```
#include<stdio.h>
#include<stdlib.h>
main()
{
    FILE *fp;
    int i,j,min,temp,a[10];
    if((fp=fopen("1.txt","r"))==NULL)
    {
        printf("can't open file!\n");
        exit(0);
    }
    for(i=0;i<10;i++)
        fscanf(_____, "%d",&a[i]);
```

```
        printf("初始数据为:\n");
        for(i=0;i<10;i++)
            printf("%5d",a[i]);
        printf("\n");
        for(i=0;i<10;i++)
        {
            _____ ;
            for(j=i+1;_____;j++)
                if(a[min]>a[j])_____ ;
            temp=a[i];
            a[i]=a[min];
            a[min]=temp;
        }
        printf("\n排序之后的数据为:\n");
        for(i=0;i<10;i++)
            printf("%5d",a[i]);
        printf("\n");
    }
```

14.（真题）文件"data.txt"中有一个按照从小到大排好序的数据序列，下列程序的功能：用键盘输入一个数，查找文件的数据序列中是否存在该数，若存在，则输出该数处于数据序列中的位置。请完善程序。

```
#include<stdio.h>
#include<stdlib.h>
int main()
{
    _____ *fp;
    int findnum(int x,int len,int num[]);
    int p,x,len=0,num[50];
    if((fp=fopen("data1.dat","r"))==NULL)
    {   printf("can not open file\n");
        return 0;
    }
    while(!feof(fp))
    {
        fscanf(fp,"%d",&num[len]);
        len++;
    }
    fclose(fp);
    printf("enter a int num:\n");
    scanf("%d",&x);
    if((p=findnum(x,len,num))!=_____)
        printf("\n%d is found:%d\n",x,p);
    else
        printf("\n%d is not found.\n",x);
}
int findnum(int x,int len,int num[])
//x是待查找的数,len是补充查找的数据序列长度,num是被查找的数据序列
{
    int low=0,high,m;
```

```
    high=len-1;
    m=(low+high)/2;
    while(low<=high&&_____)
    {
        if(x>num[m])
            low=_____;
        else
            high=m-1;
        m=(low+high)/2;
    }
    if(low<=high)
        return m+1;
    else
        return (-1);
}
```

四、编程题

15. 在文件 "d:\file1.dat" 中存放了 10 个整数，要求编写程序将这 10 个整数按降序排序，并将排序结果保存到文件 "d:\\file2.dat" 中。

16. 先把一个双精度浮点数数组 f[10] 中的 10 个数据用 fwrite() 函数写入文件 "d:\file3.dat" 中，再从文件中读出数据，并在屏幕上显示出来。

8.3 文件中的常用函数

学习目标

1. 掌握文件的定位函数。
2. 掌握文件的检测函数。

内容提要

8.3.1 文件的定位函数

前面学习的函数对文件的读/写操作只能从头开始，顺序进行。其实，我们还可以按要求随机读写数据。要实现随机读写的关键是按要求移动**位置指针**，又称为文件定位。文件定位函数通常有两个，即 rewind() 函数和 fseek() 函数。

1. rewind() 函数

（1）格式：

```
rewind(文件指针)
```

（2）功能：rewind() 函数的功能是把文件内部的位置指针移到文件开头。

2. fseek() 函数

（1）格式：

```
fseek(文件指针,位移量,起始点)
```

（2）功能：fseek()函数用来移动文件内部的位置指针。若函数调用成功，则函数值为0，否则为非0值。

其中，位移量是以起始点为基准的文件位置移动的字节数（long 类型）。起始点可以用数字（0~2）来表示，也可以用标识符来表示，具体见表 8-3-1。

表 8-3-1　fseek()函数的起始点、标识符与数字

起始点	标识符	数字
文件开始	SEEK_SET	0
文件当前位置	SEEK_CUR	1
文件末尾	SEEK_END	2

注意 若位移量为正数，则文件位置指针向文件末尾方向移动，否则向文件开头移动。fseek()函数一般只适用于二进制文件，而不适用于文本文件。

8.3.2 文件的检测函数

1. feof()函数（文件结束检测函数）

（1）格式：

```
feof（文件指针）
```

（2）功能：判断文件是否处于文件结束位置，若文件结束，则返回值为1，否则为0。

2. ferror()函数（读写文件出错检测函数）

（1）格式：

```
ferror（文件指针）
```

（2）功能：检查文件在用各种输入/输出函数进行读写时是否出错。若文件出错，则返回值为1，否则为0。

例题解析

【例 8-3-1】 写出下列程序的运行结果。

```c
#include<stdio.h>
main()
{   int i,a[4]={1,3,5,7},b;
    FILE *fp;
    fp=fopen("abc.dat","wb");
    for(i=0;i<4;i++)
        fwrite(&a[i],sizeof(int),1,fp);
    fclose(fp);
    fp=fopen("abc.dat","rb");
    fseek(fp,-2L*sizeof(int),SEEK_END);
    fread(&b,sizeof(int),1,fp);
    fclose(fp);
    printf("b=%d\n",b);
}
```

解题分析 本题主要涉及 3 个函数：fwrite()、fread()和 fseek()。程序首先将 4 个整数 1、3、

5、7写入二进制文件"abc.dat"中；然后将文件内部的指针从文件末尾向上移两个数据的位置，即指向整数"5"所在的位置；最后再读出当前指针所在的文件数据，即 b 的值为 5。

答案 b=5

【例 8-3-2】 写出下列程序的运行结果。

```c
#include<stdio.h>
main()
{   int i,j,k;
    FILE *fp;
    fp=fopen("abcd.dat","w+");
    for(i=1;i<=6;i++)
    {   fprintf(fp,"%d",i);
        if(i%4==0)fprintf(fp,"\n");
    }
    rewind(fp);
    fscanf(fp,"%d%d",&j,&k);
    printf("%d,%d",j,k);
    fclose(fp);
}
```

解题分析 本题主要考查 fscanf()函数和 fprintf()函数的用法。for 循环是将 1、2、3、4、5、6 写入文件"abcd.dat"中，注意 1234 是没有分隔符的，56 在下一行。rewind()函数的作用是将文件内部的位置指针移到文件开头。紧接着从文件"abcd.dat"中读取两个数据 1234 和 56 分别赋给变量 j、k，最后将 j、k 的值在屏幕上显示出来。

答案 1234,56

巩固练习

一、选择题

1. fseek()函数的正确调用形式是（   ）。
   A．fseek(文件指针,起始点,位移量)　　B．fseek(文件指针,位移量,起始点)
   C．fseek(位移量,起始点,文件指针)　　D．fseek(起始点,位移量,文件指针)

2. 若 fp 是指向某文件的指针，且已读到文件末尾，则函数 feof(fp)的返回值是（   ）。
   A．EOF　　　　　B．-1　　　　　C．1　　　　　D．NULL

3. 函数 fseek(fp,0L,SEEK_END)中的 SEEK_END 代表的起始点是（   ）。
   A．文件开始　　　　　　　　　　B．文件末尾
   C．文件当前位置　　　　　　　　D．以上都不对

4. rewind()函数的功能是（   ）。
   A．使位置指针返回到文件头
   B．使位置指针返回到文件尾
   C．使位置指针指向文件特定的位置
   D．使位置指针自动移到下一个字符处

5. 函数 fseek(fp,-5L,2)的含义是（   ）。
    A．将文件位置指针移到距离文件头五字节处
    B．将文件位置指针从当前位置向文件尾方向移动五字节
    C．将文件位置指针从当前位置向文件头方向移动五字节
    D．将文件位置指针从文件末尾处向文件头方向移动五字节

二、程序阅读题

6.
```
#include<stdio.h>
main()
{
   FILE *fp;
   char str1[]="Jiangsu",str2[]="Nanjing";
   fp=fopen("file6.dat","wt");
   fwrite(str2,7,1,fp);
   rewind(fp);
   fwrite(str1,7,1,fp);
   fclose(fp);
}
```
程序执行后，文件"file6.dat"中的内容是_____。

7.
```
#include<stdio.h>
main()
{
   FILE *fp;
   char str1[10]="Jiangsu",str2[10]="Nanjing";
   fp=fopen("file7.dat","wt");
   fwrite(str2,7,1,fp);
   fseek(fp,-6L,SEEK_END);
   fwrite(str1,7,1,fp);
   fclose(fp);
}
```
程序执行后，文件"file7.dat"中的内容是_____。

8.
```
#include<stdio.h>
main()
{
   FILE *fp;
   int i,x[5]={1,3,5,7,9};
   fp=fopen("file8.dat","wb+");
   fwrite(x,sizeof(int),5,fp);
   fseek(fp,sizeof(int)*3,SEEK_SET);
   fread(x,sizeof(int),2,fp);
   fclose(fp);
   for(i=0;i<5;i++)
```

```
            printf("%3d",x[i]);
    printf("\n");
}
```

程序运行后的结果为_____。

三、程序填空题

9．定义文件指针为 fp，如果需要将文件中的位置指针重新移到文件的开头位置，可调用函数_____；如果需要将文件中的位置指针从文件头移到第十字节处，可调用函数_____。

10．调用 ferror()函数检测文件是否出错时，若文件没出错，那么 ferror()函数返回值是_____。

8.4 文件的应用

学习目标

1．进一步掌握文件的基本概念和基本操作。
2．能运用文件知识解决一些实际问题。

内容提要

8.4.1 文件中的几个重要概念

当需要永久保存程序中的数据时，就要使用文件。程序中产生的数据也只有保存在文件中，才能永久存在。

1．文件

所谓文件，是指一组保存在外存储器上的相关数据的有序集合。这个数据集的名称就是文件名。C 语言中文件名的构成为盘符:\\路径\\文件名.扩展名。注意它们之间的分隔符为"\\"。

2．文件指针

在 C 语言中，用一个特殊的"结构体"类型（FILE）来描述待处理的文件。FILE 类型在"stdio.h"中进行了定义。在使用文件前，必须定义一个 FILE 类型的文件指针，并将该指针和待处理的文件进行关联，之后对文件的所有操作，都通过该指针进行，因此也可以将这个文件指针看成待处理的文件。

定义文件指针的形式如下。

```
FILE *文件指针变量名;
```

3．位置指针

当打开文件时，除了指定"a"或"ab"等使用方式外，文件内部的位置指针总是指向文件的开头。位置指针通常只是一个形象化的概念，它指向文件当前的读/写位置。

4．顺序读写和随机读写

（1）顺序读写：读写文件都从文件头开始，顺序读写各个数据。

(2)随机读写：通过人为地控制使位置指针指向读写文件中的数据。

8.4.2 文件的操作步骤

文件的三个操作步骤：打开文件、读写数据和关闭文件。

1．打开文件

方法：

```
文件指针=fopen("文件名", "打开方式");
```

2．读写数据

在 C 语言中，对文件的读写操作是通过读写函数实现的。

3．关闭文件

方法：

```
fclose(文件指针);
```

8.4.3 文件中的函数

C 语言文件中的函数较多，但从功能上区分，可以分为三类：文件读写函数、文件定位函数和文件检测函数。

1．文件读写函数

（1）字符读写函数：fgetc()函数和 fputc()函数。

（2）字符串读写函数：fgets()函数和 fputs()函数。

（3）数据块读写函数：fread()函数和 fwrite()函数。

（4）格式化读写函数：fscanf()函数和 fprintf()函数。

2．文件定位函数

（1）rewind()函数：用来把文件内部的位置指针移到文件开头。

（2）fseek()函数：用来把文件内部的位置指针移到指定位置。

3．文件检测函数

（1）feof()函数：用来判断文件是否处于文件结束位置。若文件结束，则返回值为 1，否则为 0。

（2）ferror()函数：用来检查文件在用各种输入/输出函数进行读写时是否出错。若文件没有出错，则返回值为 0，否则为 1。

例题解析

【例 8-4-1】 （真题）数据文件"goods.txt"中商品信息记录表的格式如表 8-4-1 所示，每个商品信息由商品编号和好评数两部分组成。下列程序的功能：根据好评数从高到低对商品信息记录表排序。若商品总数超过 10 个，则按序输出前 10 条记录的商品编号；若商品总数不超过 10 个，则按序输出全部记录的商品编号。请完善程序。

表 8-4-1 商品信息记录表

商品编号	好评数
10010	51
11213	7
……	……

```c
#include<stdio.h>
#include<stdlib.h>
main()
{   int readfile(int good[][2]);
    const int G_MAX=100;
    int t0,t1,i,p,file_n,goods[G_MAX][2];
    file_n=readfile(goods);
    printf("file_n=%d\n",file_n);
    //插入法排序
    for(i=0;i<file_n;i++)              //A处
    {
        p=　　①　　 ;
        t0=goods[i+1][0];
        t1=goods[i+1][1];
        while((t1>　　②　　 )&&p>=0)
        {
            goods[p+1][1]=goods[p][1];
            goods[p+1][0]=goods[p][0];
            p=p-1;
        }
        if(p!=i)
        {
            goods[p+1][0]=t0;
            goods[p+1][1]=t1;
        }
    }
//按题干要求输出商品信息
    for(i=0;i<(file_n<10?　　③　　:10);i++)
        printf("%6d%6d%6d\n",i+1,goods[i][0],goods[i][1]);
}
//从文件中读取商品编号和好评数，存入数组good中，返回商品总数
int readfile(int good[][2])
{
    FILE *fp;
    int id,g,i=0;
    if((fp=　　④　　)==NULL)
    {
        printf("无法打开此文件\n");
        exit(0);
    }
    while(!feof(fp))
```

```
    {
        good[i][0]=id;
        good[i][1]=g;
        i++;
    }
    fclose(fp);
    return i;
}
```

解题分析 本题是一道综合题目，考查的知识点有文件的读取、排序和按要求输出排序结果。空白①、②处所在的程序段是插入法排序。根据好评数排序，因此，空白①处填写 i，空白②处填写 goods[p][1]。空白③处解决输出商品的个数，若商品的个数小于 10，则输出实际个数；若超过 10，则输出 10。因此，空白③处填写 file_n。空白④处是关于文件打开的语句，此处填写 fopen("goods.txt","r")。

答案
① i   ② goods[p][1]   ③ file_n   ④ fopen("goods.txt","r")

注意 本题是真题，"A 处"是有问题的，此处 i<file_n 应改为 i<file_n-1。请读者仔细研究一下。

【例 8-4-2】 （真题）在文件"stu.txt"中，学生信息记录表的格式如表 8-4-2 所示，每条记录由姓名、性别和身高三部分数据组成，其中性别字段为 0 时表示女，为 1 时表示男。下列程序的功能：按照性别和身高排成列并输出排序结果。排序规则：女生在前男生在后，女生按照从矮到高排序，男生按照从高到矮排序。排序结果如表 8-4-3 所示。请完善程序。

表 8-4-2 学生信息记录表

姓名	性别	身高
叶佳文	0	170
孔维佳	0	165
谢定军	1	179
马小意	1	165
李许彤	0	160

表 8-4-3 学生信息排序表

姓名	性别	身高
李许彤	0	160
孔维佳	0	165
叶佳文	0	170
谢定军	1	179
马小意	1	165

```
#include<stdio.h>
#include<stdlib.h>
#include<string.h>
#define N_MAX 5
main()
{
    void sw_data(int p1,int p2,char name[N_MAX][10],int sex[N_MAX],int high[N_MAX]);
    FILE *infile;
    //姓名数组：name, 性别数组：sex, 身高数组：high
    char name[N_MAX][10];
    int sex[N_MAX],high[N_MAX];
    int front=0,last=N_MAX-1,i,p;
```

```c
    if((infile=fopen("d:\\stu.txt","r"))==NULL)
    {
        printf("cannot open this file.\n");
        exit(0);
    }
    //从文件中读取姓名、性别、身高数据
    for(i=0;i<N_MAX;i++)
        fscanf(infile,"%s%d%d",_____①_____);
    fclose(infile);
    //按规则排序
    while(_____②_____)
    {
        p=front;
        for(i=front+1;i<=last;i++)
        {
            if(_____③_____&&high[p]>high[i]) p=i;
        }
        if(sex[p]==0){sw_data(front,p,name,sex,high);front++;}
        else {sw_data(last,p,name,sex,high);_____④_____;}
    }
    //输出姓名、性别、身高数据
    for(i=0;i<N_MAX;i++)
        printf("%s,%d,%d\n",name[i],sex[i],high[i]);
}
//数据交换：交换姓名、性别、身高数据
void sw_data(int p1,int p2,char name[N_MAX][10],int sex[N_MAX],int high[N_MAX])
{
    char n[10];
    int s,h;
    strcpy(n,name[p1]);s=sex[p1];h=high[p1];
    strcpy(name[p1],name[p2]);sex[p1]=sex[p2];high[p1]=high[p2];
    strcpy(name[p2],n);sex[p2]=s;high[p2]=h;
}
```

解题分析 本题主要考查从文件中读取数据、按规则排序和数据交换等知识点，难点在于按规则排序。根据文件读写函数格式，空白①处填写 name[i],&sex[i],&high[i]。空白②~④处按排序规则填写，算法思路是，采用变形的选择法排序，外循环"while(front<last)"控制比较的轮数，因此，空白②处填写 front<last。每轮结束，找出该轮中同性别的最矮同学，空白③处填写 sex[p]==sex[i]。如果是女同学，与本轮的第一个元素交换，同时，下标 front 增加 1；如果是男同学，与本轮的最后一个元素交换，同时，下标 last 减小 1，即④处填写 last--。如此循环，直到所有同学排序完成。

答案
① name[i],&sex[i],&high[i]　　② front<last　　③ sex[p]==sex[i]　　④ last--

【例 8-4-3】　（真题）文件"CITIES.txt"中以字符串形式升序存放了某地区 13 个城市的名称。下列程序的功能是，输入某人行程轨迹中的各城市名，判断其是否离开过该地区。请完善程序。

```
#include<stdio.h>
#include<stdlib.h>
#include<string.h>
#define CITIES_NUM 13
#define LENGTH 20
int find(char str1[],char str2[][20],int n);
main()
{
    FILE *CITIES_file;
    char city[CITIES_NUM][LENGTH];
    char path[50][LENGTH];
    int i,c,outflag=1;
    if((CITIES_file=fopen("d:\\CITIES.txt","r"))==NULL)
    {
        printf("cannot open this file.\n");
        exit(0);
    }
    for(i=0;i<CITIES_NUM;i++)
        fscanf(CITIES_file,"%s",city[i]);
    _____①_____;
    c=0;
    do
    {
        gets(path[c]);
        c=c+1;
    } while(strcmp(path[c-1],"")!=0);
    for(i=0;i<c-1;i++)
        if(!find(path[i],city,CITIES_NUM)) ____②____;
    if(outflag)
        printf("Not out of area!\n");          /*输出未出本地区*/
    else
        printf("Out of area!\n");              /*输出曾出本地区*/
}
//对半查找:在区间str2内查找str1是否存在,存在返回1,不存在返回0
int find(char str1[],char str2[][LENGTH],int below)
{
    int top=0,mid;
    below=below-1;
    mid=(top+below)/2;
    while(strcmp(str1,str2[mid])!=0&&top<=below)
    {
        if(strcmp(str1,str2[mid])>0) top=mid+1;
        else if(strcmp(str1,str2[mid])<0) below=mid-1;
        _____③_____;
    }
    return _____④_____;
}
```

解题分析 本题主要考查文件读写步骤和字符串折半查找两个知识点,其中,字符串折半查找是本题的重点和难点。根据文件操作步骤可知,空白①处填写 fclose(CITIES_file)。字符串对半查找采用子函数完成，如果存在，返回 1，不存在则返回 0，因此，空白③处填写 mid=(top+below)/2，空白④处填写 top<=below。根据题意，若某人曾出本地区，则 outflag=0，因此，空白②处填写 outflag=0。

答案

① fclose(CITIES_file)　　② outflag=0

③ mid=(top+below)/2　　④ top<=below

巩固练习

一、程序阅读题

1.
```
#include<stdio.h>
main()
{
   FILE *fp;
   int i,arr[]={1,3,5,7,9},n;
   fp=fopen("file8.dat","wb");
   for(i=0;i<5;i++)
      fwrite(&arr[i],sizeof(int),1,fp);
   fclose(fp);
   fp=fopen("file8.dat","rb");
   fseek(fp,-3L*sizeof(int),SEEK_END);
   fread(&n,sizeof(int),1,fp);
   fclose(fp);
   printf("n=%d\n",n);
}
```
程序运行后的结果为_____。

2.
```
#include<stdio.h>
void WriteStr(char str[])
{
   FILE *ff;
   ff=fopen("d:\\t1.txt","w");
   fputs(str,ff);
   fclose(ff);
}
main()
{
   FILE *fp;
   WriteStr("start");
   WriteStr("end");
   fp=fopen("d:\\t1.txt","r");
   while(!feof(fp))
      putchar(fgetc(fp));
   printf("\n");
```

```
    fclose(fp);
}
```
程序运行后的结果为_____。

二、程序填空题

3. 下列程序的功能是，将用键盘输入的字符串写入文件"score.dat"中并显示输出，用"#"作为字符串输入结束的标志。请完善程序。

```
#include<stdio.h>
#include<conio.h>
#include<string.h>
main()
{
    void wtext(FILE *fp);
    void rtext(FILE *fp);
    _____;
    fp=fopen("score.dat","w");
    wtext(fp);
    fclose(fp);
    fp=fopen("score.dat","r");
    rtext(fp);
    _____;
}
/*1--写字符串到文件*/
void wtext(FILE *fp)
{
    char strc[60],cc[2]="#";
    do
    {
        gets(strc);
        if(strcmp(_____)==0)
        return;
        fputs(strc,fp);
        fputc('\n',fp);
    }while(1);
}
/* 2--从文件读字符串到屏幕*/
void rtext(FILE *fp)
{
    char ch;
    while(!feof(fp))
    {
        ch=fgetc(_____);
        putchar(ch);
    }
}
```

三、编程题

4. 文件"d:\file5.txt"中存有10个整数，编写程序，要求将第1、3、5、7、9个数取出，并将它们从小到大排序，显示排序前后的这5个数。

5．编写程序，用键盘输入一个数 n，查找它是不是在文件"d:\file6.txt"中，若在，则显示"文件中有该数"；若不在，请将输入的这个数存放到该文件最后。

6．从文本文件"d:\file7.txt"中读出 4 组数据，编程计算 4 个一元二次方程的根 x_1 和 x_2，并将这 4 组根保存在文本文件"d:\file8.txt"中。

7．有两个文本文件"d:\file9.txt"和"d:\file10.txt"，两个文件中的数字均已升序排列。请编写程序，将这两个文本内容合并成一个新文件"d:\new.txt"。要求"new.txt"中的内容仍然是升序排列，同时显示合并后的内容。

反侵权盗版声明

电子工业出版社依法对本作品享有专有出版权。任何未经权利人书面许可，复制、销售或通过信息网络传播本作品的行为；歪曲、篡改、剽窃本作品的行为，均违反《中华人民共和国著作权法》，其行为人应承担相应的民事责任和行政责任，构成犯罪的，将被依法追究刑事责任。

为了维护市场秩序，保护权利人的合法权益，我社将依法查处和打击侵权盗版的单位和个人。欢迎社会各界人士积极举报侵权盗版行为，本社将奖励举报有功人员，并保证举报人的信息不被泄露。

举报电话：（010）88254396；（010）88258888
传　　真：（010）88254397
E-mail：dbqq@phei.com.cn
通信地址：北京市万寿路 173 信箱
　　　　　电子工业出版社总编办公室
邮　　编：100036

"课课通" 职教高考复习丛书

课课通
C语言

（计算机类）（第2版）

测试卷

主　编　管荣平

中国工信出版集团　电子工业出版社
PUBLISHING HOUSE OF ELECTRONICS INDUSTRY

目　　录

第1、2章　C语言基础知识和顺序结构程序设计测试卷 ································· 1

第3章　选择结构程序设计测试卷 ··· 5

第4章　循环结构程序设计测试卷 ·· 13

第5章　数组测试卷 ··· 19

第6章　字符数组、字符串与字符串函数测试卷 ·· 25

第7章　函数测试卷 ··· 31

第8章　文件测试卷 ··· 37

综合测试卷（一） ··· 43

综合测试卷（二） ··· 49

第1、2章　C语言基础知识和顺序结构程序设计测试卷

（满分100分，考试时间90分钟）

题　号	一	二	三	总分
得　分				

得　分	评卷人

一、程序阅读题（每题8分，共64分）

1.
```
#include<stdio.h>
main()
{
    int a=2,b=3;
    float c=5,d=2.5;
    printf("%.0f/%.1f=%.1f\n",c,d,c/d);
    printf("%d+%d=%d\t%d%%%d=%d\n",a,b,a+b,b,a,b%a);
    printf("(%d+%d)/2+%.0f/%.1f=%.1f\n",a,b,c,d,(a+b)/2+c/d);
    printf("(%.0f+%.1f)/2+%d/%d=%.2f\n",c,d,a,b,(c+d)/2+a/b);
}
```

第1题的运行结果：

2.
```
#include<stdio.h>
main()
{
    char c1='a',c2='d';
    int x=30;
    printf("%d,%d\t%-4c%4c\n",c1,c2,c1,c2);
    printf("%d,%X,%x,%o\n%4c\n",x,x,x,x);
}
```

第2题的运行结果：

3.
```
#include<stdio.h>
main()
{
    int x,y,z,k;
    x=247,y=18,z=10,k=20;
    printf("++x的值是%d\n",++x);
    printf("y++的值是%d\n",y++);
    printf("--z的值是%d\n",--z);
    k--;
```

第3题的运行结果：

```
    printf("%d+%d+%d+%d=%d\n",x,y,z,k,x+y+z+k);
}
```

4.
```
#include<stdio.h>
main()
{
    int a=5,b=6,c;
    c=a<b?a+b:a-b;
    a++;
    --b;
    printf("a=%d\n",a);
    printf("b=%d\n",b);
    printf("c=%d\n",c);
    printf("a>b:%d\n",a>b);
}
```

第 4 题的运行结果：

5.
```
#include<stdio.h>
main()
{
    int x,y=3,z=2;
    printf("Input x:");
    scanf("%d",&x);
    y+=x;
    x++;
    z*=x+y;
    printf("x=%d\n",x);
    printf("z+y=%d\n",z+y);
}
```

若运行时输入 4↵，则第 5 题的运行结果：

6.
```
#include<stdio.h>
main()
{
    int a=2,b;
    float x=-3.2;
    b=(int)x*2;
    a=b++;
    printf("%d,%d\n",a,b);
    b=a%3;
    a=--b;
    printf("%d,%d\n",a,b);
}
```

第 6 题的运行结果：

7.
```c
#include<stdio.h>
main()
{
    int x=3,y=5;
    float a=11.16;
    double b=33.192876543;
    printf("x=%d\t",x);
    printf("y=%d",y);
    printf("\n");
    printf("x+y=%d\n",x+y);
    printf("%5f\t一位小数:%.1f\t三位小数:%.3f\n",a,a,a);
    printf("%5f\t一位小数:%.1f\t三位小数:%.3f\n",b,b,b);
}
```

第 7 题的运行结果：

8.
```c
#include<stdio.h>
main()
{
    int a=68;
    char c='x';
    float x=9.1835;
    printf("%d,%o,%x\n",a,a,a);
    printf("%4d\t%2d\n",a,a);
    printf("%3c\t%c\n",c,c);
    printf("%d\t%c\n",c,c);
    printf("%s\t%4s\t%6s\t%-6s\n","happy","happy","happy","happy");
    printf("%5.4s\t%4.5s\t%-5.4s\n","hello","hello","hello");
    printf("%f\t%4.1f\t%-4.1f\t%6.2f\n",x,x,x,x);
    a*=1+5;
    printf("%d\n",a);
}
```

第 8 题的运行结果：

得 分	评卷人

二、**程序填空题**（每空 3 分，共 12 分）

9. 实现用键盘给输入两个整型变量 a、b 赋值，并求出其平均值。请完善程序。
```c
#include<stdio.h>
main()
{
    int a,b;
    float avg;
    printf("请给变量a和b赋值：");
    _____;
    avg=_____;
```

```
        pringf("avg=%f\n",avg);
}
```

10．下列程序的功能是，将输入的华氏温度转换为摄氏温度。请完善程序。将华氏温度转换为摄氏温度的公式为 $c=\dfrac{5}{9}(f-32)$。

```
#include<stdio.h>
main()
{
    _____;
    printf("请输入华氏温度:");
    scanf("%f",&f);
    c=_____;
    printf("%.1f华氏温度对应的摄氏温度是：%.1f\n",f,c);
}
```

得　分	评卷人

三、编程题（每题 8 分，共 24 分）

11．设圆半径 $r=3.0$，圆柱体高 $h=8.2$，计算圆周长 l、圆面积 s、圆柱体体积 v，并输出 l、s、v，输出结果保留两位小数（定义符号常量 PI 为 3.1415）。

提示：$l=2\pi r$，$s=\pi r^2$，$v=sh$。

12．用键盘输入 3 个整数，编程求其中的最大值。

13．计算机班某同学第一次月考部分成绩：语文 80 分，数学 85 分，英语 73 分，电工基础 78 分，C 语言程序设计 77 分。请编程计算该同学的总分和平均分。平均分保留 1 位小数。

第3章 选择结构程序设计测试卷

（满分100分，考试时间90分钟）

题 号	一	二	三	四	总分
得 分					

得 分	评卷人

一、选择题（每题2分，共24分）

1. 执行下面程序的输出结果是（　　）。
```
#include<stdio.h>
main()
{
    int a=5,b=0,c=0;
    if(a=a+b)
        printf("****\n");
    else
        printf("####\n");
}
```
   A．有语法错误，不能编译　　B．能通过编译，但不能通过连接
   C．****　　D．####

2. 运行下面程序后，其输出结果为（　　）。
```
#include<stdio.h>
main()
{
    int k=-3;
    if(k<=0) printf("****\n");
    else printf("####\n");
}
```
   A．####　　B．****
   C．####****　　D．有语法错误，不能通过编译

3. 以下 if 语句不正确的是（　　）。

   A．if(x>y) printf("%d\n",x);

   B．if(x=y)&&(x!=0) x+=y;

   C．if(x!=y) scanf("%d",&x);else scanf("%d",&y);

   D．if(x<y) {x++;y++;}

第3章　选择结构程序设计测试卷　　5

4. 以下条件表达式中能完全等价于条件表达式 x 的是（　　）。
   A．(x==0)　　　　　　　　　B．(x!=0)
   C．(x==1)　　　　　　　　　D．(x!=1)

5. 若运行下面程序时给变量 a 输入 15，则输出结果是（　　）。
```
#include<stdio.h>
main()
{
   int a,b;
    scanf("%d",&a);
     b=a>15?a+10:a-10;
    printf("%d\n",b) ;
}
```
   A．5　　　　　B．25　　　　　C．15　　　　　D．10

6. 以下选项中，两个条件语句语义等价的是（　　）。
   A．if(a=2)printf("%d\n",a);　　　B．if(a-2)printf("%d\n",a);
     if(a==2)printf("%d\n",a);　　　　if(a!=2)printf("%d\n",a);
   C．if(a)printf("%d\n",a);　　　　D．if(a-2)printf("%d\n",a);
     if(a==0)printf("%d\n",a);　　　　if(a==2)printf("%d\n",a);

7. 执行下列程序后的输出结果是（　　）。
```
#include<stdio.h>
main()
{
   int k=4,a=3,b=2,c=1;
   printf("%d\n",k<a?k:c<b?c:a);
}
```
   A．4　　　　　B．3　　　　　C．2　　　　　D．1

8. 以下程序段的运行结果是（　　）。
```
#include<stdio.h>
main()
{
   int y=3,z=7,x=10;
   printf("%d,",x>10?1:0);
   printf("%d,",y++||z++);
   printf("%d,",y>z);
   printf("%d\n",y&&z);
}
```
   A．0,1,1,1　　　　　　　　　B．1,1,1,1
   C．0,1,0,1　　　　　　　　　D．0,1,0,0

9. 在执行以下程序时，为了使输出结果为 t=4，则给 a 和 b 输入的值应满足的条件是（　　）。

```
#include<stdio.h>
main()
{
   int s,t,a,b;
   scanf("%d%d",&a,&b);
   s=1;t=1;
   if(a<0)s=s+1;
   if(a>b)t=s+t;
   else if(a==b)t=5;
   else t=2*s;
   printf("t=%d\n",t);
}
```

    A．$a>b$ B．$a<b<0$ C．$0>a>b$ D．$0<a<b$

10．请读程序：

```
#include<stdio.h>
main()
{
   int x=1,y=0,a=0,b=0;
   switch(x)
   {
      case 1: switch(y)
      {
         case 0:a++;break;
         case 1:b++;break;
      }
      case 2: a++;b++;break;
   }
   printf("a=%d,b=%d\n",a,b);
}
```

上面程序的输出结果是（　　）。

    A．a=2,b=1   B．a=1,b=1   C．a=1,b=0   D．a=2,b=2

11．下面程序的输出结果是（　　）。

```
#include<stdio.h>
main()
{
   int x=100,a=10,b=20,ok1=5,ok2=0;
   if(a<b)
      if(b!=15)
         if(!ok1)
            x=1;
         else
            if(ok2)
               x=10;
   x=-1;
```

```
        printf("%d\n",x);
}
```
    A. -1   B. 0   C. 1   D. 不确定的值

12. 下列程序执行时，若用键盘输入1234，则输出结果是（   ）。
```
#include<stdio.h>
main()
{
    char c1,c2,c3,c4;
    int n;
    long int x;
    c1=c2=c3=c4=' ';
    scanf("%ld",&x);
    if(x>=1000)n=4;
    else if(x>=100)n=3;
    else if(x>=10)n=2;
    else n=1;
    switch(n)
    {
        case 4:c4=x%10+'0';x=x/10;
        case 3:c3=x%10+'0';x=x/10;
        case 2:c2=x%10+'0';x=x/10;
        case 1:c1=x%10+'0';
    }
    printf("%c%c%c%c\n",c4,c3,c2,c1);
}
```
    A. 1234   B. 1 2 3 4   C. 4321   D. 4 3 2

得 分	评卷人

二、程序阅读题（每题8分，共48分）

13.
```
#include<stdio.h>
main()
{
    int a=2,b=7,c=5;
    switch(a>0)
    {
        case 1:switch(b<0)
        {
            case 1: printf("@"); break;
            case 0: printf("!"); break;
        }
        case 0:switch(c==5)
        {
            case 0: printf("*"); break;
```

第13题的运行结果：

```
            case 1: printf("#"); break;
            default: printf("%%");break;
        }
        default: printf("&");
    }
    printf("\n");
}
```

14.
```c
#include<stdio.h>
main()
{
    int num,i,j,k,place;
    scanf("%d",&num);
    if(num>99)
        place=3;
    else if(num>9)
        place=2;
    else
        place=1;
    i=num/100;
    j=(num-i*100)/10;
    k=(num-i*100-j*10);
    switch(place)
    {
        case 3:printf("%d%d%d\n",k,j,i);break;
        case 2:printf("%d%d\n",k,j);break;
        case 1:printf("%d\n",k);
    }
}
```

若运行时输入 123✓，则第 14 题的运行结果：

15.
```c
#include<stdio.h>
main()
{
    int t;
    scanf("%d",&t);
    if(t>=90) printf("A\n");
    else if(t>=80)printf("B\n");
    else if(t>=70)printf("C\n");
    else if(t>=60)printf("D\n");
    else printf("E\n");
    printf("OK\n");
}
```

若运行时输入 86✓，则第 15 题的运行结果：

16.
```c
#include<stdio.h>
main()
{
    int a=0,b=1,c=0,d=20,x;
    if(a)d=d-10;
    else if(!b)
    if(!c)x=15;
    else x=25;
    printf("%d\n",d);
}
```

第 16 题的运行结果：

17.
```c
#include<stdio.h>
main()
{
    int t,h,m;
    scanf("%d",&t);
    h=(t/100)%12;
    if(h==0)h=12;
    printf("%d:",h);
    m=t%100;
    if(m<10) printf("0");
    printf("%d",m);
    if(t<1200||t==2400)
        printf("AM");
    else
        printf("PM");
}
```

若运行时输入 1605✓，则第 17 题的运行结果：

18.
```c
#include<stdio.h>
main( )
{
    int a,b,c;
    scanf("%d,%d,%d",&a,&b,&c);
    switch(a)
    {
        case 1: printf("%d\n",b+c); break;
        case 2: printf("%d\n",b-c); break;
        case 3: printf("%d\n",b*c); break;
        case 4:
        {
            if(c!=0) {printf("%d\n",b/c);break;}
            else {printf("error\n");break;}
        }
```

若运行时输入 2,13,5✓，则第 18 题的运行结果：

```
        defualt: break;
    }
}
```

三、程序填空题（每空2分，共8分）

19. 根据下面程序的函数关系，输入 x 值，计算出 y 值。

$$y = \begin{cases} x(x+2) & (2 < x \leq 10) \\ 2x & (-1 < x \leq 2) \\ x-1 & (x \leq -1) \end{cases}$$

要求输出格式为"x=**,y=**"，其中**为具体的数值。

```c
#include<stdio.h>
int main()
{   int x,y;
    scanf("%d",&x);
    if(_____)
        y=x*(x+2);
    else if(_____)
        y=2*x;
    else if(x<=-1)
        y=x-1;
    else
        _____ ;
    if(y!=-1)
        _____ ;
    else
        printf("error");
    return 0;
}
```

四、编程题（每题10分，共20分）

20. 编写程序，计算一元二次方程 $ax^2+bx+c=0$ 的根，结果保留2位小数。分 $\Delta<0$，$\Delta>0$，$\Delta=0$ 三种情况。

21．编写程序，判断用键盘输入的字符是小写字母、大写字母、数字还是其他。

第4章 循环结构程序设计测试卷

（满分100分，考试时间90分钟）

题 号	一	二	三	四	总分
得 分					

得 分	评卷人

一、程序阅读题（每题6分，共48分）

1.
```c
#include<stdio.h>
main()
{
    int i=-1,a=0;
    while(i<5)
    {
        printf("a=%d,i=%d\n",a,i);
        a+=2*i;
        i+=2;
    }
    printf("a=%d,i=%d\n",a,i);
}
```

第1题的运行结果：

2.
```c
#include<stdio.h>
main()
{
    int i=1;
    for(;i<=10;i++)
    {
        if(i%3==0)
        {
            printf("\n");
            break;
        }
        printf("%5d",i);
    }
    printf("\n");
}
```

第2题的运行结果：

3.
```c
#include<stdio.h>
int main()
```

```c
{
    int i,a=0;
    for(i=1;i<=5;i++)
    {
        do
        {
            i++;
            a++;
        }while(i<3);
    }
    i++;
    printf("a=%d,i=%d\n",a,i);
    return 0;
}
```

第 3 题的运行结果:

4.
```c
#include<stdio.h>
main()
{
    int i,j,x,y;
    x=y=1;
    for(i=1;i<=6;i++)
    {
        x+=2;
        for(j=1;j<=5;j++)
            y++;
    }
    printf("x=%d,y=%d\n",x,y);
}
```

第 4 题的运行结果:

5.
```c
#include<stdio.h>
main()
{
    int i,j,x,y;
    x=y=0;
    for(i=1;i<=5;i++)
    {
        x=x+i;
        y=y+1;
        for(j=1;j<=4;j++)
        {
            y+=j;
            x=x+i;
        }
    }
    printf("x=%d,y=%d\n",x,y);
}
```

第 5 题的运行结果:

6.
```c
#include<stdio.h>
main()
{
    int i,j,x,y,k;
    x=10;y=k=2;
    for(i=1;i<4;i++)
    {
        x=x+i;
        for(j=1;j<=i;j++)
        {
            y++;
            k=k+j;
        }
    }
    printf("x=%d,y=%d,k=%d\n",x,y,k);
}
```

第 6 题的运行结果：

7.
```c
#include<stdio.h>
main()
{
    int i=15;
    do
    {
        switch(i%2)
        {
            case 1:i--;break;
            case 0:i--;continue;
        }
        i=i-2;
        printf("i=%d\n",i);
    }while(i>0);
}
```

第 7 题的运行结果：

8.
```c
#include<stdio.h>
main()
{
    int i,j,k=0,f;
    for(i=5;i<=1000;i++)
    {
        f=0;
        for(j=2;j<=i-1;j++)
        {
            if(i%j==0)
```

第 8 题的运行结果：

```
            {
                f=1;
                break;
            }
        }
        if(f==0)
            k=k+1;
        if(k==5)
        {
            printf("%d",i);
            break;
        }
    }
}
```

得 分	评卷人

二、程序填空题（共 7 分）

9. 有一组数的规律：0，5，5，10，15，25，40，…，求该数列的第 n 项值。

```
#include<stdio.h>
main()
{
    int f1,f2,f,i,n;
    f1=0,f2=5;                          //给定边界初值
    printf("请输入要求的项：");
    scanf("%d",&n);
    for(i=3;i<=n;i++)                   //从第3项开始呈现规律性的变化
    {




    }
    printf("\n%d项的值为%d",n,f);
}
```

三、编程题（每题9分，共45分）

10. 用 do/while 循环语句求 100 到 200 能同时被 5 和 8 整除数的和，并统计个数。

11. 编程求 $s=1-1/2!+1/4!-1/6!+1/8!-\cdots+1/n!$ 的值（n 的值用键盘输入）。

12. 编程求 $s=1+(1+2)+(1+2+3)+(1+2+3+4)+\cdots+(1+2+3+\cdots+n)$ 的值（n 的值用键盘输入）。

13. 编程打印如右侧图形。

```
      D
     ###
    CCCCC
   #######
    BBBBB
     ###
      A
```

14. 一个数如果恰好等于它的真因子之和（真因子包含 1，但不包含它本身），这个数称为完数，如 6=1+2+3。编程找出 1000 以内的所有完数。

第5章 数组测试卷

（满分100分，考试时间90分钟）

题 号	一	二	三	总分
得 分				

得 分	评卷人

一、程序阅读题（每题5分，共50分）

1.
```
#include<stdio.h>
main()
{
    int i,k,a[10],p[3];
    k=5;
    for(i=0;i<10;i++)a[i]=i;
        for(i=0;i<3;i++)
            p[i]=a[i*(i+1)];
    for(i=0;i<3;i++)k+=p[i]*2;
    printf("%d\n",k);
}
```

第1题的运行结果：

2.
```
#include<stdio.h>
main()
{
    int a[3][3]={1,2,3,4,5,6,7,8,9};
    int k,m,s=0;
    for(k=0;k<=2;k++)
        for(m=0;m<=2;m++)
        {
            if(k!=m)
                if(k!=2-m)
                {
                    printf("%d,%d,%d",k,m,a[k][m]);
                    s+=a[k][m];
                }
            printf("\n");
        }
    printf("s=%d",s);
}
```

第2题的运行结果：

3.
```c
#include<stdio.h>
main()
{
    int s[5][5],i,j;
    for(i=0;i<5;i++)
        s[i][0]=s[4][i]=1;
    for(i=1;i<5;i++)
        for(j=3;j>=0;j--)
            s[j][i]=s[j+1][i]+s[j][i-1];
    for(i=0;i<5;i++)
    {
        for(j=0;j<5;j++)
        printf("%4d",s[i][j]);
        printf("\n");
    }
}
```

第 3 题的运行结果：

4.
```c
#include<stdio.h>
main()
{
    int a[8]={9,7,8,6,3,4,2,1},i,j,t;
    for(i=0;i<5;i++)
        for(j=0;j<7-i;j++)
            if(a[j]>a[j+1])
            {
                t=a[j];
                a[j]=a[j+1];
                a[j+1]=t;
            }
    for(i=0;i<8;i++)
        printf("%3d",a[i]);
}
```

第 4 题的运行结果：

5.
```c
#include<stdio.h>
#include<math.h>
main()
{
    int a1[51]={0};
    int i,j,t,t2,n=50;
    for(i=2;i<=sqrt(n);i++)
        if(a1[i]==0)
        {
            t2=n/i;
```

第 5 题的运行结果：

```
            for(j=2;j<=t2;j++)
                a1[i*j]=1;
        }
    t=0;
    for(i=2;i<=n;i++)
        if(a1[i]==0)
        {
            printf("%4d",i);t++;
            if(t%10==0) printf("\n");
        }
    printf("\n");
}
```

6.
```
#include<stdio.h>
main()
{
    int a[]={1,2,3,4,5},i,j,s=0;
    for(i=0;i<5;i++)
        s=s*10+a[i++];
    printf("s=%d\n",s);
}
```

第 6 题的运行结果：

7.
```
#include<stdio.h>
#define N 8
main()
{
    int a[N]={9,61,92,44,26,93,28,37};
    int i,j,k;
    for(i=1;i<N;i++)
    {
        k=a[i];j=i-1;
        while(a[j]%10>k%10&&j>=0)
        {
            a[j+1]=a[j];
            j--;
        }
        a[j+1]=k;
    }
    for(i=0;i<N;i++)
        printf("%d\t",a[i]);
}
```

第 7 题的运行结果：

8.
```c
#include<stdio.h>
main()
{
    int p[8]={11,12,13,14,15,16,17,18},i=0,j=0;
    while(i++<7)
        if(p[i]%2)
            j+=p[i];
    printf("%d\n",j);
}
```

第 8 题的运行结果:
45

9.
```c
#include<stdio.h>
main()
{
    int a=0;
    while(a<5)
        for(;a<6;a++)
        {
            printf("%d\t",a++);
            if(a<3)continue;
            else break;
        }
    printf("%d\n",a);
}
```

第 9 题的运行结果:
0	2	3	4	5

10.
```c
#include<stdio.h>
main()
{
    int a[12]={1,2,3,4,5,6,7,8,9,10,11,12};
    int b[3][4],i,j=0,k=0;
    for(i=0;i<12;i++)
    {
        b[j][k]=a[i]+j+k;
        k++;
        if(k==4){j++;k=0;}
    }
    for(i=0;i<3;i++)
    {
        for(j=0;j<4;j++)
            printf("%4d",b[i][j]);
        printf("\n");
    }
}
```

第 10 题的运行结果:
```
   1   3   5   7
   6   8  10  12
  11  13  15  17
```

二、程序填空题（每空3分，共24分）

11. 下列程序实现的功能是，将用键盘输入的10个整数存入一个数组中，现将其中的最大数与第1个元素交换，最小数与倒数第1个元素交换，将次大数与第2个元素交换，次小数与倒数第2个元素交换，如此反复，实现将10个数从大到小排列。请完善程序。

```
#include<stdio.h>
main()
{
    int s[10],i,j,max,min,t;
    for(i=0;i<10;i++)
        _____ ;
    for(i=0;i<5;i++)
    {
        _____ ;
        for(j=i;j<=9-i;j++)
        {
            if(s[max]<s[j])
                max=j;
            if(s[min]>s[j])
                _____;
        }
        t=s[max];
        s[max]=s[i];
        s[i]=t;
        if(_____ )
            min=max;
        t=s[min];
        s[min]=s[9-i];
        s[9-i]=t;
    }
    for(i=0;i<10;i++)
        printf("%5d",s[i]);
}
```

12. 下列程序的功能是，分析某次比赛成绩。已知某次比赛共有10个参赛小组，每组12名选手，各选手的成绩按组保存在数组 score[10][12]中，要求按每组总分降序的顺序输出选手成绩。请完善程序。

```
#include<stdio.h>
#define M 10
#define N 12
main()
{
    float score[M][N+1]={0},p;
```

```
        int i,j,t,k;
        for(i=0;i<M;i++)
           for(j=0;j<N;j++)
              scanf("%f",_____);
        for(i=0;i<M;i++)
           for(j=0;j<N;j++)
              score[i][N]+=score[i][j];
        for(i=0;i<M-1;i++)
        {
           t=i;
           for(j=i+1;j<M;j++)
              if(_____) t=j;
           if(t!=i)
              for(k=0;k<=N;k++)
              { _____ }
        }
        for(i=0;i<M;i++)
        {
           for(j=0;j<=N;j++)
              printf("%6.1f",score[i][j]);
           _____;
        }
     }
```

得 分	评卷人

三、编程题（13、14 题每题 8 分，15 题 10 分，共 26 分）

13．随机产生 18 个二位正整数，先赋给二维数组 a[3][6]中的元素，然后按列顺序放到一维数组 b[18]中。

14．随机产生 20 个[20，500]范围内的互不相同的整数，先存入数组 a 中，然后找出其中的素数，存入数组 b 中。

15．一维数组 a[]={-5,-5,-4,0,2,2,2,4,4,5,5,16,20,20,20}已有序，要求将其中重复出现的数据只保留一个，对只出现一次的数据则全部保留。删除重复数据后的数组 a 为 {-5,-4,0,2,4,5,16,20}。

第6章 字符数组、字符串与字符串函数测试卷

（满分100分，考试时间90分钟）

题 号	一	二	三	四	五	总分
得 分						

得 分	评卷人

一、选择题（每题2分，共10分）

1. 设有数组定义为 char array[]="China"，则数组 array 所占的空间为（   ）。
   A．4字节 B．5字节
   C．6字节 D．7字节

2. 下列选项中错误的语句是（   ）。
   A． char a[]={'t','o','y','o','u','\0'};
   B． char a[]={"toyou\0"};
   C． char a[]="toyou\0";
   D． char a[]='toyou\0';

3. 若有以下语句，则正确的描述是（   ）。
   char a[]="toyou";
   char b[]={'t','o','y','o','u'};
   A． 数组a和数组b的长度相同
   B． 数组a长度小于数组b长度
   C． 数组a长度大于数组b长度
   D． 数组a等价于数组b

4. 已知"char a[15],b[15]={"I love china"};"，则在程序中能将字符串 I love china 赋给数组 a 的正确语句是（   ）。
   A． a="I love china"; B． strcpy(b,a);
   C． a=b; D． strcpy(a,b);

5. 已知"char a[20]= "abc",b[20]= "defghi";"，则执行下列语句后的输出结果为（   ）。
   printf("%d",strlen(strcpy(a,b)));
   A．11 B．6
   C．5 D．以上答案都不正确

二、**程序阅读题**（每题8分，共48分）

6.
```c
#include<stdio.h>
#include<string.h>
main()
{
    char arr[2][4];
    strcpy(arr[0],"you");
    strcpy(arr[1],"me");
    arr[0][3]='&';
    printf("%s\n",arr);
}
```

第6题的运行结果：

7.
```c
#include<stdio.h>
#include<string.h>
main()
{
    char a[]={ 'a','b','c','d','e','f','g','h','\0'};
    int i,j;
    i=sizeof(a);
    j=strlen(a);
    printf("i=%d,j=%d\n",i,j);
}
```

第7题的运行结果：

8.
```c
#include<stdio.h>
#include<string.h>
main()
{
    char temp[10],str[5][10]={"China","U.S.A","Korea","Canada","England"};
    int i;
    strcpy(temp,str[0]);
    for(i=1;i<5;i++)
        if(strcmp(temp,str[i])>0)
            strcpy(temp,str[i]);
    printf("%s",temp);
}
```

第8题的运行结果：

9.
```c
#include<stdio.h>
#include<string.h>
main()
{
    int i;
    while((i=getchar())!='\n')
        switch(i-'0')
        {
            case 4:putchar(i+1);
            case 3:putchar(i+3);break;
            case 2:putchar(i+5);
            case 1:putchar(i+7);break;
            default:putchar(i+2);
        }
    printf("\n");
}
```

若程序运行时输入2345↙，则第9题的运行结果：

10.
```c
#include<stdio.h>
main()
{
    char s[2][12]={"Television","Computer"};
    int i,j,len[2];
    for(i=0;i<2;i++)
    {
        for(j=0;j<20;j++)
            if(s[i][j]=='\0')
            {
                len[i]=j;
                break;
            }
        printf("%-12s:%d\n",s[i],len[i]);
    }
}
```

第10题的运行结果：

11.
```c
#include<stdio.h>
#include<string.h>
main()
{
    char a[]="Boot",b[]="Book";
    int i;
    for(i=0;a[i]!='\0'&&b[i]!='\0';i++)
        if(a[i]==b[i])
            if(a[i]>='a'&&a[i]<='z')
                printf("%c",a[i]-32);
```

第11题的运行结果：

```
        else printf("%c",a[i]+32);
      else printf("&");
}
```

三、程序改错题（每处 3 分，共 9 分）

12. 2017 年 1 月 1 日是星期日，民间称为"三首日"。下面程序的功能是，找出 2017 年后最近的 5 个出现"三首日"的年份。请找出程序中的错误并改正。

```
#include<stdio.h>
int leap_days(int n)
{
/***********FOUND1***********/
    return ((n%4==0&&n%100)||n%400==0)?1:2;
}
int main()
{
    int year,days,count;
    days=count=0;
    year=2017;
/***********FOUND2***********/
    for(;count<=5;)
    {
        days+=leap_days(year);
        if(days==7)
        {
            printf("%d年1月1日是星期日\n",year+1);
            count++;
        }
/***********FOUND3***********/
        days=days/7;
        year++;
    }
    return 0;
}
```

四、程序填空题（每空 3 分，共 6 分）

13. 下列程序的功能是，把输入的十进制数以十六进制数的形式输出，请完善程序。

```
#include<stdio.h>
main()
{
    char b[17]={"0123456789ABCDEF"};
```

```
    int c[64],i=0,base=16;
    long n;
    printf("Enter a number:\n");
    scanf("%ld",&n);
    do
    {
        c[i]= _____ ;
        i++;
        n=n/base;
    }while(n!=0);
    printf("Transmite new base:\n");
    for(--i;i>=0;i--)
        printf("%c",_____ );
    printf("\n");
}
```

得 分	评卷人

五、编程题（每题9分，共27分）

14. 用键盘输入1个字符串和1个字符，要求将字符串中出现的该字符删除。

15. 编程将字符串 s[]="EC50M48FC27G37Y32"中的连续数字字符取出，构成若干个整数，分别存放在数组 a 中（存放后数组 a 的元素为{50,48,27,37,32}），并将数组 a 中的各个元素转换成八进制数存入数组 b 中并输出。

第6章 字符数组、字符串与字符串函数测试卷 　29

16. 输入一段由英文字母和其他字符组成的字符串,编程统计这段字段字符串中26个英文字母中每个英文字母和其他符号出现的次数,其中英文字母不区分大小写,非英文字母的字符都作为其他字符。输出次数不为0的字母和其他字符及分别出现的次数。

第 7 章 函数测试卷

（满分 100 分，考试时间 90 分钟）

题 号	一	二	三	四	总分
得 分					

得 分	评卷人

一、选择题（每题 2 分，共 10 分）

1. 在 C 语言中，允许函数值类型缺省定义，此时该函数返回值隐含的类型是（　　）。
   A．int 型　　　B．long 型　　　C．float 型　　　D．double 型

2. 在 C 语言中，实参为变量时，它和对应形参之间的数据传递方式是（　　）。
   A．地址传递　　　　　　　　B．值传递
   C．双向传递　　　　　　　　D．传递方式由用户指定

3. 下列说法正确的是（　　）。
   A．实参与其对应的形参共占用一个存储单元
   B．实参与其对应的形参各自占用独立的存储单元
   C．实参与其对应的形参同名时，共占用一个存储单元
   D．形参是虚拟的，不占用存储单元

4. 在 C 语言中，如果变量存储类型缺省定义，此时该变量的类型是（　　）。
   A．static 型　　B．register 型　　C．extern 型　　D．auto 型

5. 以下说法错误的是（　　）。
   A．函数调用可以作为另一个函数调用时的实参
   B．函数调用可以单独作为语句使用
   C．返回值的类型由函数定义时的类型决定
   D．返回值的类型由返回语句中的表达式类型决定

得 分	评卷人

二、程序阅读题（每题 8 分，共 48 分）

6.
```
#include<stdio.h>
void fun(int s[])
{   static int j=0;
    do
    {   s[j]+=s[j+1];
```

第 6 题的运行结果：

```
    }while(++j<4);
}
int main()
{   int k,a[10]={1,2,3,4,5,6,7,8,9,10};
    for(k=1;k<3;k++)
        fun(a);
    for(k=0;k<6;k++)
        printf("%3d",a[k]);
    return 0;
}
```

7.
```
#include<stdio.h>
main()
{
    char c;
    int i;
    char count();
    int p(char);
    for(i=0;i<10;i++)
        c=count();
    p(c);
}
char count()
{
    char str='E';
    str+=1;
    return(str);
}
p(char c)
{
    putchar(c);
    putchar('\n');
}
```

第 7 题的运行结果:

8.
```
#include<stdio.h>
test1()
{
    int x=0;
    x++;
    return x;
}
test2()
{
    static int x=0;
    x++;
```

第 8 题的运行结果:

```
    return x;
}
main()
{
    int i,m,n;
    for(i=0;i<3;i++)
    {
        m=test1();
        n=test2();
    }
    printf("m=%d,n=%d\n",m,n);
}
```

9.
```
#include<stdio.h>
int m=14,n=26;
int max(int x,int y)
{
    int max;
    max=x>y?x:y;
    return max;
}
main()
{
    int m=32;
    printf("m=%d,n=%d,max=%d\n",m,n,max(m,n));
}
```

第 9 题的运行结果：

10.
```
#include<stdio.h>
void del(char s[],char ch)
{
    int i,j;
    for(i=j=0;s[i]!='\0';i++)
        if(s[i]!=ch)
    s[j++]=s[i];
    s[j]='\0';
}
main()
{
    char str[]="CANADA";
    del(str,'A');
    puts(str);
}
```

第 10 题的运行结果：

11.
```c
#include<stdio.h>
long fib(int g)
{
    switch(g)
    {
        case 0:return 0;
        case 1:
        case 2:return 1;
    }
    return(fib(g-1)+fib(g-2));
}
main()
{
    long s;
    s=fib(6);
    printf("s=%d\n",s);
}
```

第 11 题的运行结果：

得 分	评卷人

三、程序填空题（每空 3 分，共 12 分）

12. 下面 fun() 函数的功能是，将形参 x 的值转换成二进制数，把所得二进制数的每一位放在一维数组中返回，其中二进制的最低位放在下标为 0 的元素中，其他依次类推。请完善程序。

```c
#include<stdio.h>
int k=0;
fun(int num,int b[])
{
    int r;
    do
    {
        r=num%2;
        b[_____]=r;
        _____ ;
    }while(num);
}
main()
{
    int n,i,a[10];
    printf("请输入一个整数：");
    scanf("%d",&n);
    fun(n,a);
```

```
        for(i=--k;i>=0;i--)
            printf("%d",a[i]);
        printf("\n");
    }
```

13. 下面 Calculate()函数的功能是，求数组 a 中相邻元素的最大公约数，并保存到数组 b 中（a[4]与 a[0]看作相邻元素）。

　　例如，a[5]={18,66,38,87,15}
　　　　　b[5]={6,2,1,3,3}

```
#include<stdio.h>
void Calculate(int a[],int n,int b[])
{
    int i,x,y,r;
    for(i=0;i<n;i++)
    {
        x=a[i];
        y=a[_____];
        do
        {
            _____;
            x=y;
            y=r;
        }while(r);
        b[i]=x;
    }
}
main()
{
    int i,a[5]={18,66,38,87,15},b[5]={0};
    Calculate(a,5,b);
    printf("数组元素:");
    for(i=0;i<5;i++)
        printf("%6d",a[i]);
    printf("\n最大公约数:");
    for(i=0;i<5;i++)
        printf("%6d",b[i]);
    printf("\n");
}
```

四、编程题（每题10分，共30分）

14．编写程序，将八进制整数转换为十进制整数。转换的过程用函数实现。

15．编写程序，实现下列功能：把下标为非素数的字符从字符串 str 中删除，保留下标为素数的字符。例如，输入"helloeverybody"，则输出"lleeoy"。素数的判断用子函数 int isprime(int x)实现。

16．编写程序，用函数递归调用的方法求两个整数（m 和 n）的最大公约数。

第8章 文件测试卷

（满分100分，考试时间90分钟）

题 号	一	二	三	四	总分
得 分					

得 分	评卷人

一、选择题（每题2分，共10分）

1. 下列语句中，能将变量 fp 定义为文件类型指针的是（   ）。

   A．FILE fp;   B．FILE *fp;

   C．file fp;   D．file *fp;

2. 若有定义"FILE *fp;"，则关闭文件的命令是（   ）。

   A．fclose(fp);   B．fclose(*fp);

   C．close(fp);   D．close(*fp);

3. 以下与函数 fseek(fp,0L,SEEK_SET);有相同作用的是（   ）。

   A．feof(fp);   B．ftell(fp);

   C．rewind(fp);   D．fgetc(fp);

4. 写入二进制文件的函数调用形式为"fwrite(buffer,size,count,fp);"，其中 buffer 代表的是（   ）。

   A．一个内在块的字节数

   B．一个文件指针，指向待写入的文件

   C．一个整型变量，代表待写入的数据的字节数

   D．一个内存块的首地址，代表写入数据存放的地址

5. 若要打开 D 盘上的 user 子目录下名为 xyz.dat 的文本文件进行读、写操作，下面符合要求的函数调用是（   ）。

   A．fopen("D:\\user\\xyz.dat", "w")

   B．fopen("D:\\user\\xyz.dat","r")

   C．fopen("D:\\user\\xyz.dat","r+")

   D．fopen("D:\\user\\xyz.dat","rb")

二、程序阅读题（每题6分，共24分）

6.
```c
#include<stdio.h>
main()
{
    FILE *fp;
    int i;
    char ch[]="123\045\06",c;
    fp=fopen("file6.dat","wb+");
    for(i=0;i<4;i++)
        fwrite(&ch[i],1,1,fp);
    fseek(fp,-2,SEEK_END);
    fread(&c,1,1,fp);
    fclose(fp);
    printf("%c\n",c);
}
```

第6题的运行结果：

7.
```c
#include<stdio.h>
main()
{
    FILE *fp;
    int i,m=0,n=0;
    fp=fopen("file7.dat","w");
    for(i=10;i<20;i++)
        fprintf(fp,"%d\n",i);
    fclose(fp);
    fp=fopen("file7.dat","r");
    fscanf(fp,"%d%d",&m,&n);
    printf("%d,%d\n",m,n);
    fclose(fp);
}
```

第7题的运行结果：

8.
```c
#include<stdio.h>
main()
{
    FILE *fp;
    char ch;
    fp=fopen("file8.dat","r");
    while(!feof(fp))
    {
        ch=fgetc(fp);
        if(ch>='0'&&ch<='9')
```

若文件"file8.dat"中的内容为AB12ab，则第8题的运行结果：

```
        ch+=2;
        if(ch>='a'&&ch<='z')
            ch-=32;
        putchar(ch);
    }
    fclose(fp);
}
```

9.
```
#include<stdio.h>
main()
{
    FILE *fp;
    char str[20];
    fp=fopen("file9.dat","r");
    fgets(str,7,fp);
    puts(str);
    fclose(fp);
}
```

若文件"file9.dat"中的内容为 1234ABCDEFGH，则第 9 题的运行结果：

得 分	评卷人

三、程序填空题（每空 3 分，共 30 分）

10. 在数组 x 中存有一些姓名，这些姓名以大写字母开头，以小写字母结束。请将这些姓名字符取出形成字符串，放入二维数组 name 中，同时写到 "d:\file10.txt" 文件中。请完善程序。

```
#include<stdio.h>
#include<string.h>
#include<stdlib.h>
#include<ctype.h>
#define M 10
#define N 20
main()
{
    char name[N][M];
    char x[]="13Anny14BelleDavid&&AnneMaryBellyKenAnnMarkMart234";
    int i,k,n=0;
    FILE *fp;
    if(_____ ==NULL)
    {
        printf("File open error\n");
        exit(0);
    }
    for(i=0;x[i]!=0;i++)
        if(isupper(x[i]))
```

```
        {
            name[n][0]=x[i];
            k=1;i++;
            while(_____)
                _____ ;
            name[n][k]=0;
            puts(name[n]);
            _____;
            i--;
        }
        fclose(fp);
}
```

11. 下列程序的功能是，将名为"d:\file11.txt"的文件中的内容复制到名为"d:\file12.txt"的文件中。请完善程序。

```
#include<stdio.h>
main()
{
    FILE *fp1,*fp2;
    char ch;
    fp1=fopen("d:\\file11.txt","r");
    fp2=fopen("d:\\file12.txt","w");
    ch=_____;
    while(ch!=EOF)
    {
        _____;
        ch=fgetc(fp1);
    }
    fclose(fp1);
    fclose(fp2);
}
```

12. 已知 d 盘根目录下有文件"string.txt"，其内容为一串字符。下列程序的功能是，提取该字符串中从第 *n* 个字符开始的 *m* 个字符并打印输出。请完善程序。

```
#include<stdio.h>
#include<stdlib.h>
#include<string.h>
main()
{
    unsigned int i,j,m,n;
    char s[128];
    FILE *fp;
    char str[128];
    if(_____)
    {
        printf("cannot open file\n");
```

```
            exit(1);
        }
        while(!feof(fp))
        {
            if(fgets(str,128,fp)!=NULL)
               printf("%s",str);
        }
        _____;
    printf("\n");
    printf("请输入子串的起始位置和长度：");
    scanf("%d,%d",&n,&m);
    if(n>0&&n<=strlen(str))
    {
        if (m>0&&n+m<=strlen(str)+1)
        {
            for(i=n-1,j=0;str[i]&&i<_____;i++,j++)
            {   s[j]=str[i];
                _____;
            }
            puts(s);
        }
        else
            printf("长度超出范围!\n");
    }
    else
        printf("起始位置超出范围!\n");
}
```

得 分	评卷人

四、编程题（每题9分，共36分）

13．编程读取"d:\test13.txt"文件中的一组数据（不超过 10 个），将它们按从大到小排序后重新写入该文件中，并在屏幕上显示排序前后的结果。

14．在文本文件"d:\test14.txt"中存放一串字符（如 I love learning,），要求编程实现在该文本文件末尾添加一串字符（如 and you also love learning），并在屏幕上显示添加后的整个字符串（如 I love learning, and you also love learning）。

15．编程输出杨辉三角形，并使用 fprintf()函数将数据保存在文件"d:\test15.txt"中。

16．编写程序，实现用键盘输入一个字符串，先将该字符串中的字符按降序排列后，输出到文件"d:\test16.txt"中，然后从该文件中读出字符串并显示出来。

综合测试卷（一）

（满分 100 分，考试时间 90 分钟）

题 号	一	二	三	总分
得 分				

得 分	评卷人

一、程序阅读题（每题 8 分，共 48）

1.
```
#include<stdio.h>
main()
{
    int j,k,s;
    s=1;
    for(j=0;j<3;j++)
        for(k=0;k<3;k++)
            s=s+1;
    printf("s=%d,k=%d\n",s,k);
}
```

第 1 题的运行结果：

2.
```
#include<stdio.h>
main()
{
    int a,b,c;
    for(a=1;a<6;a++)
    {
        b=0;
        for(c=a;c<6;c++)b+=c;
    }
    printf("b=%d,c=%d\n",b,c);
}
```

第 2 题的运行结果：

3.
```
#include<stdio.h>
main()
{
    int y=9,n=0;
    for(;y>0;y--)
        if((y+1)%3==0)
        {
            printf("%d,",y);
```

第 3 题的运行结果：

综合测试卷（一）　　43

```
            n++;
            continue;
        }
    printf("%d\n",n);
}
```

4.
```
#include<stdio.h>
main()
{
    int a[]={4,5,6,7,8};
    int x,y=0,i;
    for(i=1;i<4;i++)
    {
        x=a[a[i+1]%4];
        printf("x=%d,",x);
        y+=x;
    }
    printf("y=%d\n",y);
}
```

第 4 题的运行结果：

5.
```
#include<stdio.h>
main()
{
    int a=0, i;
    for(i=0;i<7;i++)
    {
        switch(i)
        {
            case 0:break;
            case 3:a++;break;
            case 1:break;
            case 2:a+=2;
            default:a+=3;
        }
    }
    printf("a=%d\n",a);
}
```

第 5 题的运行结果：

6.
```
#include<stdio.h>
int func(int a,int b);
main()
{
    int k=4,m=1,p;
    p=func(k,m);
```

第 6 题的运行结果：

```
        printf("%d,",p);
        p=func(k,m);
        printf("%d",p);
}
int func(int a,int b)
{
        static int m=0,i=2;
        i+=m+1;
        m=i+a+b;
        return m;
}
```

得 分	评卷人

二、程序填空题（每空 2 分，共 6 分）

7. 下列程序可实现用键盘输入整数，统计其中大于 0 的整数的和及小于 0 的整数的个数，分别用变量 x 和 y 进行统计，用整数 0 结束循环。请完善程序。

```
#include<stdio.h>
main()
{
    int n,x,y;
    x=y=0;
    scanf("%d",&n);
    while(_____)
    {
        if(n>0)
            _____;
        else if(n<0)
            y++;
        _____;
    }
    printf("x=%d,y=%d\n",x,y);
}
```

得 分	评卷人

三、程序改错题（每处 2 分，共 6 分）

8. 用 void fun(char s[][N],int n)函数对数组 s 中的 n 个字符串进行如下处理：将各字符串中不符合下列组成规则的字符删除，直至剩余字符完全满足组成规则。字符串组成规则：由字母、数字、下划线组成，并且首字符不能是数字。程序中，isalpha()函数用来判断参数是否是字母字符，isdigit()函数用来判断参数是否是数字字符。

例如：数组各字符串为"hPd$1"，"BnrE0"，"66_ks9d"，"*ws*_43"

经处理后字符串为"hPd1"，"BnrE0"，"_ks9d"，"ws_43"

```c
#include<stdio.h>
#include<ctype.h>
#define M 4
#define N 30
void fun(char str[][N],int n)
{
    int i,j,k,flag;
    for(j=0;j<n;j++)
    {
        i=0;
/**************FOUND1***************/
        while(str[i]!='\0')
        {
            flag=0;
/**************FOUND2***************/
            if(i==0&&(str[j][i]!='_'&&isalpha(str[j][i])))
                flag=1;
            else
 if(str[j][i]!='_'&&!isalpha(str[j][i])&&!isdigit(str[j][i]))
                flag=1;
            if(flag==1)
            {
/************FOUND3************/
                for(k=i;str[j][k+1];k++)
                    str[j][k]=str[j][k+1];
            }
            else
                i++;
        }
    }
}
int main()
{
    char str[M][N]={"hPd$1","BnrE0","66_ks9d","*ws*_43"};
    int i;
    for(i=0;i<M;i++)
        printf("%-10s",str[i]);
    fun(str,M);
    for(i=0;i<M;i++)
        printf("%-10s",str[i]);
    return 0;
}
```

四、编程题（每题10分，共40分）

9. 编程求 $s=1/1!-1/2!+1/3!-1/4!+\cdots-1/n!$ 的值。n 用键盘输入，$5 \leq n \leq 10$。结果保留3位小数。

10. 采用三重循环结构编程打印出如下图形。

```
    *          *          *
   ***        ***        ***
  *****      *****      *****
 *******    *******    *******
***************************
```

11. 随机产生20个[10，99]之间互不相同的整数存入数组 a 中，将其中的素数保存在数组 b 中，输出 a、b 两数组。要求每行打印输出10个数。

12. 随机产生 20 个[10，99]之间互不相同的整数存入数组 a 中，要求将数组 a 按降序排列。现用键盘输入一个整数 n，查找 n 在数组 a 中是否存在。若存在，将 n 的位置插入数组 a 的最后；若不存在，将 n 插入数组 a 中，插入后使得数组 a 仍然有序。最后将数组 a 存入文件 "d:\px.txt" 中。要求采用二分查找。

综合测试卷（二）

（满分 100 分，考试时间 90 分钟）

题 号	一	二	三	总分
得 分				

得 分	评卷人

一、程序阅读题（每题 8 分，共 48 分）

1.
```
#include <stdio.h>
main()
{
    int i,j,s=0;
    for(i=1;i<4;i++)
    {
        s=0;
        for(j=i;j>0;j--)
            s+=i*j;
    }
    printf("j=%d,s=%d\n",j,s);
}
```

第 1 题的运行结果：

2.
```
#include<stdio.h>
int fun(int x)
{
    static int a=3;
    a+=x;
    return a;
}
main()
{
    int k=2,m=1,n;
    n=fun(k);
    printf("n=%d\n",n);
    n=fun(m);
    printf("n=%d\n",n);
}
```

第 2 题的运行结果：

3.
```c
#include<stdio.h>
main()
{
    int a,b;
    for(a=1,b=1;a<=100;a++)
    {
        if(b>=20)
            break;
        if(b%3==1)
            b+=3;
        continue;
    }
    b-=5;
    printf("%d,%d\n",a,b);
}
```

第 3 题的运行结果：

4.
```c
#include<math.h>
#include<stdio.h>
main()
{
    int i,a[8]={1,0,1,0,1,0,1,1};
    int s=0,sum=0;
    for(i=1;i<8;i++)
        s=s+a[i]*pow(2,7-i);
    printf("s=-%d\n",s);
    for(i=1;i<8;i++)
        if(a[i]==0)
            a[i]=1;
        else
            a[i]=0;
    if(a[7]==0)
        a[7]=1;
    for(i=0;i<8;i++)
        printf("%d",a[i]);
    printf("\n");
    for(i=1;i<8;i++)
        sum=sum+a[i]*pow(2,7-i);
    printf("sum=-%d\n",sum);
}
```

第 4 题的运行结果：

5.
```c
#include<stdio.h>
long fact(long i)
{
    if (i<=1)
        return i;
    else
        return fact(i/2)*10+i%2;
}
int main()
{
    long deci,binary;
    deci=128;
    binary=fact(deci);
    printf("binary=%d\n",binary);
    return 0;
}
```

第 5 题的运行结果：

6.
```c
#include<stdio.h>
func(int n)
{
    int i,j=1;
    for(i=1;i<=n;i++)
        j=j*i;
    return(j);
}
main()
{   int i=1,s=0;
    while(i<=5)
    {   s+=func(i);
        printf("%d,%d\n",func(i),s);
        i+=3;
    }
}
```

第 6 题的运行结果：

得 分	评卷人

二、**程序填空题**（每空 2 分，共 12 分）

7. 已知能被 4 整除而不能被 100 整除或者能被 400 整除的年份是闰年，用键盘输入一个年份，判断该年份是否是闰年。请完善程序。

```
#include<stdio.h>
main()
{
    int year,leap;
    scanf("%d",&year);
    if(_____)
        leap=1;
    else
        leap=0;
    if(_____)
        printf("%d年是闰年.",year);
    else
        printf("%d年不是闰年.",year);
}
```

8. 下面程序的功能是，用一维数组产生并打印如下图所示的杨辉三角形。请完善程序。

```
#include<stdio.h>
main()
{
    int i,j,a[20]={1};
    for(i=0;i<=9;i++)
    {
        for(j=0;j<=30-3*i;j++)
            putchar(' ');
        for(_____)
            a[j]=_____;
        for(_____)
            printf(_____,a[j]);
        printf("\n");
    }
}
```

```
                    1
                  1   1
                1   2   1
              1   3   3   1
            1   4   6   4   1
          1   5  10  10   5   1
        1   6  15  20  15   6   1
      1   7  21  35  35  21   7   1
    1   8  28  56  70  56  28   8   1
  1   9  36  84 126 126  84  36   9   1
```

三、编程题（每题 10 分，共 40 分）

9. 采用二重循环结构编程打印出如下图形（第二行中间有 4 个空格，第三行中间有 8 个空格，以此类推）。

```
**********
****    ****
***      ***
**        **
*          *
**        **
***      ***
****    ****
**********
```

10. 编程求 $s=1!+(1!+2!)+(1!+2!+3!)+(1!+2!+3!+4!)+\cdots+(1!+2!+3!+\cdots+n!)$ 的值。n 为一个用键盘输入的整数，且 $3 \leq n \leq 10$。

11. 用键盘输入两个整数 a、b，用辗转相除法编程求出它们的最大公约数 gys 和最小公倍数 gbs。

12. 随机产生 20 个[5，85]之间的整数，用插入法将它们按从小到大的顺序排列输出，要求每行输出 10 个数，并将最后的结果保存到文件"d:\px2.dat"中。

责任编辑：张　凌
封面设计：彩丰文化

课课通C语言
（计算机类）（第2版）

责任编辑：张　凌
封面设计：彩丰文化

ISBN 978-7-121-50058-9

定价：59.50元